뇌가 섹시해지는

모스크바
수학퍼즐

1단계

THE MOSCOW PUZZLES: 359 Mathematical Recreations

by Boris A. Kordemsky
Edited by Martin Gardner
Translated in English by Albert Parry

Copyright © 1971, 1972 by Charles Scribner's Sons
Dover edition first published in 1992.
Korean translation copyright © 2018 by Vision B&P Co., Ltd.
All rights reserved.

This Korean edition published by arrangements with Dover Publications, Inc. c/o Biagi Literary Management, New York, through Shinwon Agency Co., Seoul.

the moscow puzzles

뇌가 섹시해지는

모스크바
수학퍼즐

천재를 위한 수학논리 지수놀이고, 뇌게임

보리스 A. 코르뎀스키 지음 | 마틴 가드너 편집 | 박종하 감수 | 김지원 옮김

1단계

비전코리아

지금 독자 여러분의 손에 들린 이 책은 소련에서 출간된 퍼즐책 중 가장 훌륭하고 인기 많은 《수학적 노하우(Mathematical know-how)》의 최초 영문판이다. 1956년에 처음 출간된 이래(실제로는 1954년 출간)로 이 책은 여덟 번 재간행되었고 우크라이나어, 에스토니아어, 라트비아어, 리투아니아어로 번역되었다. 특히 러시아어판만 해도 백만 부가량 판매되었다. 소련 외의 지역에서는 불가리아, 루마니아, 헝가리, 체코슬로바키아, 폴란드, 독일, 프랑스, 중국, 일본, 한국에서 출간되었다.

저자인 보리스 A. 코르뎀스키(Boris A. Kordemsky, 1907~1999)는 20세기 초에 태어나 모스크바에 살았던 고등학교 수학 선생님이었다. 창의수학 분야에서 뛰어난 재능을 발휘한 그는 1952년 러시아어로 첫 번째 책《멋진 정사각형(The Wonderful square)》을 출간했다. 이 책은 평범한 정사각형이 지닌 흥미로운 특성을 논의한다. 1958년에는《까다로운 수학 문제에 관한 소론(Essays on challenging mathematical problems)》이 출간되었다. 공학자와 공저한 아동용 그림책《기하학이 연산을 도와준다(Geometry aids arithmetic)》(1960)는 색의 중첩을 다양하게 활용하여 간단한 도표와 그래프로 연산문제 푸는 법을 보여주었다. 1964년에는《확률론 기초(Foundations of the theory of probabilities)》를 출간했고, 1967년에는 벡터 대수학과 해석 기하학 교과서를 공저했다. 하지만 코르뎀스키의 저작 중 가장 유명한 것이 바로 이 책, 방대한 수학퍼즐 모음집이다. 이 책은 뇌 활동을 자극하는, 경이로울 정도로 다양한 내용으로 이루어져 있다.

책에 있는 퍼즐들은 사실 영국의 전설적인 퍼즐리스트 헨리 어니스트 듀드니(Henry E. Dudeney, 1857~1936)나 미국 퍼즐의 대가 샘 로이드(Sam Lloyd, 1841~1911) 책의 것처럼 서양 문학을 아는 사람들에게는 이런저런 형태로 익숙할 수 있다. 하지만 코르뎀스키는 오래된 퍼즐에 새로운 관점을 부여하고, 이를 다시 접해도 재미있고 매혹적일 만한 이야기 형태로 바꾸어놓았다. 또한 이야기의 배경을 보면 당대 러시아의 삶과 전통에 관한 귀중한 정보도 얻을 수 있다. 게다가 잘 알려진 퍼즐 사이사이에는 서양 독자들에게 새롭게 느껴질 만한 문제들도 많다. 대부분 코르뎀스키가 개발한 문제들임에 분명하다.

창의수학과 과학퍼즐 분야에서 코르뎀스키에 비견할 만한 유일한 러시아 수학자는 야코프 I. 페렐만(Yakov I. Perelman, 1882~1942)이다. 그는 산수, 대수학, 기하학 분야뿐만 아니라 역학과 물리학, 천문학 분야에서도 유희적 관점으로 접근한 책들을 썼다. 페렐만의 책들도 여전히 구소련 전역에서 널리 판매되지만, 코르뎀스키의 책이 현재 러시아 수학사에서 '가장' 뛰어난 퍼즐 모음집으로 여겨진다.

코르뎀스키의 책 번역은 콜게이트 대학의 러시아학 전 학과장이자, 최근에는 케이스 웨스턴 리저브 대학 학과장이었던 앨버트 패리 박사(Dr. Albert Parry, 1901~1992)가 했다. 패리 박사는 저명한 러시아계 미국인 학자로 일찍이 《다락방과 가짜들(Garrets and pretenders)》(미국 보헤미아니즘의 다채로운 역사)과, 《휘슬러의 아버지(Whistler's father)》(이 화가의 아버지는 혁명 전 러시아에서 선구적인 철로 건설자였다)라는 제목의 전기부터, 구소련에서 과학기술 분야의 엘리트와 지배 관료 계급 사이에 점점 커져갔던 갈등에 관한 내용인 《새로운 계급 분할(The new class divided)》에 이르기까지 수많은 책을 썼다.

이 번역본의 편집자로서 나는 본문에 꼭 필요한 몇 가지 수정을 가했다. 예를 들어 러시아 화폐 관련 문제는 퍼즐의 내용을 망가뜨리지 않는 선에서 달러와 센트 문제로 바꾸었다. 전체적으로 코르뎀스키의 원문을 좀 더 명확하게, 때로는 단순하게 수정하기 위해 교정하고, 자르고, 새로운 문장을 끼워넣었다. 영이로 번역

되어 있지 않은 러시아 책과 기사에 관한 내용이나 주석은 종종 생략했다. 코르뎀스키는 책 끝부분에 수론 관련 문제를 조금 넣었는데, 그 내용도 생략했다. 나머지 퍼즐들과 어울리지 않고, 최소한 미국의 독자들에게는 지나치게 어렵고 기술적인 문제들이었기 때문이다. 러시아 단어를 모르고서는 이해가 불가능한 몇몇 퍼즐들의 경우에는 영단어를 사용해서 비슷한 내용의 퍼즐로 대체했다.

예브게니 K. 아르구틴스키(Yevgeni K. Argutinsky)의 원판 일러스트는 그대로 유지하고, 꼭 필요한 부분이나 그림 안에 있는 러시아 글자들만 영어로 손을 보았다.

간단히 말해서 이 책은 가능한 한 영어권 독자들이 이해하기 쉽고 즐겁게 볼 수 있도록 편집했다. 원본의 90퍼센트 이상은 그대로 유지했고, 그 재미와 따스함은 고스란히 전달하기 위해 최선을 다했다. 이런 노력이 수학퍼즐 문제를 즐기는 모든 독자에게 오랫동안 즐거움을 선사하길 바란다.

1972.

미국 수학자, 과학 저술가

마틴 가드너

어렸을 적 나는 수학퍼즐 푸는 것을 매우 좋아했다. 잘 풀지는 못했어도 문제를 생각하는 것이 재미있었고, 내가 전혀 생각지도 못했던 방법으로 답이 제시되면 너무 신기하고 때로는 흥분까지 되었다.

시간이 지나서 생각해보면, 학교에서 배우는 수학보다 퍼즐을 통하여 수학에 대한 흥미를 더 가지게 되었던 것 같다. 실제로 유명한 수학자들의 인터뷰에서 학교 수학 수업보다 집에서 퍼즐을 풀던 시간이 자신의 수학적인 사고를 더 키워주었다고 하는 이야기를 가끔 듣는다.

특히 나는 대학에서 수학을 전공하면서 퍼즐을 더 많이 접했다. 퍼즐은 수학적인 지식이 별로 없어도 수학적인 사고를 경험

할 수 있는 가장 좋은 방법이다. 다행히 1990년대 초에는 〈재미있는 수학여행〉 시리즈와 마틴 가드너의 《이야기 파라독스》, 《이야기 수학퍼즐 아하!》 등과 같은 쉽고 재미있는 수학 교양서가 쏟아져 나온 때였다. 나는 그 혜택을 톡톡히 누렸다. 친구들이 원서로 된 집합론, 미적분학, 선형대수 책과 씨름할 때, 나는 《재미있는 수학팀힘》, 《즐거운 365일 수학》 등과 같은 짤막한 수학퍼즐 책을 즐겨 읽었다. 첫 페이지에서 마지막까지 꼼꼼하게 보는 것도 아니고, 아무 데나 펴서 눈에 들어오는 재미있어 보이는 문제 몇 개를 설렁설렁 푸는 게 다였다. 단 하루도 빼놓지 않고 매일 그렇게 하자고 나와 약속했다.

당시 내가 좋아했던 퍼즐책은 여러 책에서 재미있는 문제들을 번역, 편집해서 만든 것이었다. 그래서 책 표지에 유명한 퍼즐 전문가들의 이름이 빼곡히 적혀 있었다. 그중 가장 자주 본 이름이 바로 마틴 가드너였다. 퍼즐책으로 수학과 친해지고, 문제를 풀면서 수학적 발상을 연습하다 보니 너무 어려워서 힘들 것만 같던 현대대수, 이산수학, 위상수학과 같은 전공과목들도 생각보다는 쉽게 공부할 수 있었다. 나중에는 마틴 가드너처럼 쉽게 수학을 가르치는 대중 작가가 되고 싶다는 생각도 가지게 되었다.

시간이 지나 현재 나는 창의력에 대한 글을 쓰고 강의를 하고 있다. 창의성에 관한 콘텐츠를 만들어야 하는 나에게 어렸을 적에 읽었던 퍼즐책은 매우 유용하게 사용되고 있다. 논리적이면서도 창의적인 사고를 돕는 방법 중 가장 재미있고 효과적인 것이

바로 퍼즐이기 때문이다. 글이나 강연을 좀 더 풍성하게 해줄 자료가 없나 하고 아마존에서 퍼즐책을 여러 권 구입하면서 이 책 《모스크바 수학퍼즐》을 손에 넣게 되었다. 마틴 가드너가 직접 편집한 책이라고 하니 더 반가워하며 책장을 넘겼다.

연필을 들고 도전해보고 싶게 만드는 숫자들과 도형 퍼즐은 물론이고, 이쑤시개 통을 가져와서 직접 이쑤시개를 하나씩 옮겨가며 풀어가게끔 만드는 성냥개비 문제들이 눈길을 끌었다. 쉽게 풀리는 문제 다음에, 같은 방법을 조금 응용해야 풀 수 있는 문제를 배치해서 마치 게임 레벨을 높여가듯이 도전하는 재미가 있었다. 또한 중간중간 앞선 문제와 비슷하게 생겨서 같은 해법을 적용하는 듯싶지만, 전혀 다른 방법으로 접근해야 풀리는 넌센스 문제들이 적절하게 섞여 있어서, 굳어지기 쉬운 생각의 허를 찔러 머리를 유연하게 만들어주는 듯했다.

읽다 보니 친구들과의 모임에서 수학 마술이라고 모두의 눈을 크게 뜨게 만들어줄 만한 문제들도 꽤 많아 이들만 따로 골라 정리해놓기도 했다. 정말 쉬운 문제인데 엄밀하게 생각하지 않으면 실수로 틀린 답을 낼 가능성이 높은 문제들도 여러 개 있어서, 수학적 사고에 관한 글과 강의에 그런 문제들을 소재로 사용했더니 좋은 반응을 얻기도 했다.

퍼즐책을 여러 권 구입했지만, 자료가 필요할 때 가장 먼저 뒤적이는 게 바로 이 책이다. 나의 생업을 유지하는 데에 큰 도움을 준 고마운 책이다.

이 고마운 책이 번역 출간된다는 소식이 참 반가우면서도 나 혼자 독점하고 싶은 귀한 보물을 내놓는 아쉬운 기분도 살짝 든다. 하지만 자고로 좋은 것은 여러 사람과 두루두루 나누어야 하는 법! 이 책을 읽는 분들도 나처럼 그 재미와 유용함을 한껏 누리시길 바란다.

창의력 컨설턴트

박종하

차례

1장 초급 연산
재미있는 수학퍼즐

4장 도형 분리와 재배치

창의력·이해력 높이는 조각퍼즐

7장 중급 연산
숫자 9의 세계

재미있는 수학퍼즐

초급 연산

. . . .

두뇌 회전 속도를 알아보기 위해
인내심과 끈기에 예리함. 수의 더하기·빼기·곱하기·나누기 능력만이
필요한 문제들을 먼저 풀어보자.

관찰력이 좋은 아이들

남학생과 여학생이 막 기상 관측을 마치고 언덕에 앉아 쉬고 있다. 화물 열차가 지나가는데, 기관차가 차량을 끌고 나지막한 오르막을 올라가면서 요란하게 연기를 뿜어냈다. 철로를 따라 바람은 솔솔 고르게 불었다. 이때 돌풍은 없었다.

"우리의 관측 결과에서 바람의 속도가 어땠지?" 소년이 물었다.

"시속 20km였어."

"그러면 열차의 속도가 얼마인지 알 수 있겠네."

"그래?" 소녀가 의심스럽다는 듯이 말했다.

"너도 열차가 움직이는 모습을 좀 더 유심히 관찰해보면 알 수 있을 거야."

소녀는 잠깐 생각한 후 답을 알아냈다.

두 아이가 본 모습은 화가가 그려놓은 그대로였다. 열차의 속도는 얼마였을까?

보석으로 만든 꽃

P. 바조프의 동화 〈돌로 만든 꽃〉에 나오는 뛰어난 공예가 다닐라를 아는가?

우랄 지역에서 전해오는 이야기에 따르면, 다닐라가 아직 견습생이던 시절에 우랄의 준보석으로 이파리와 줄기, 꽃잎을 따로 떼어낼 수 있는 꽃 두 송이를 만들었다고 한다. 이 꽃의 조각들을 맞추면 원반 모양이 된다고 한다.

위 그림을 확대 복사한 다음 잘라서 꽃잎과 줄기, 이파리로 원 모양을 맞출 수 있는지 해보자.

체커 말 옮기기

탁자 위에 6개의 체커 말을 그림처럼 검은색, 흰색, 검은색, 흰색 등으로 번갈아 일렬로 놓는다.

왼쪽에 말 4개를 놓을 만큼의 공간을 마련해두자.

말을 옮겨서 흰색이 전부 왼쪽으로 가고, 그다음으로 검은색들이 놓이도록 해야 한다. 단 말은 인접한 2개씩 짝을 이뤄 움직여야 하고 순서를 바꿔서도 안 된다. 딱 세 번만 움직여서 문제를 풀어보자.

뒤에서 이런 문제를 좀 더 깊이 다룰 것이다. 체커 말이 없다면 동전, 종이나 마분지 자른 것을 이용해도 된다.

성냥 옮기기

탁자에 성냥 무더기 3개를 만든다. 첫 번째 무더기에는 성냥 11개, 두 번째에는 7개, 세 번째에는 6개를 놓는다. 각 무더기에 성냥이 8개씩 놓이도록 성냥을 옮겨라. 단 각 무더기에는 이미 놓여 있는 개수만큼의 성냥만 옮겨올 수 있고 그것도 다른 무더기 한 곳에서만 가져와야 한다. 예를 들어 6개의 성냥 무더기에는 딱 6개의 성냥만 더 옮겨올 수 있지 5개나 7개를 가져와서는 안 된다.

세 번만 움직여서 성냥이 8개씩 놓인 무더기 3개로 만들어보라.

무엇일까

1/2은 이 수의 1/3이다. 이 수는 무엇일까?

숨겨진 삼각형은 몇 개

이 그림에는 서로 다른 삼각형이 모두 몇 개 있을까?

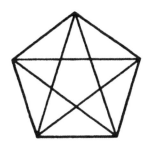

흥미로운 분수

1/3의 분모와 분자에 각각 그 분모의 값인 3을 더하면, 분수는 1/3의 두 배가 된다.

분모와 분자에 그 분모의 값을 각각 더했을 때, 원래의 값의 세 배가 되는 분수를 찾아라. 네 배가 되는 분수도 찾아보자.

정원사의 길

아래 그림은 사과밭의 구획도다(각 점은 사과나무). 정원사는 별표가 있는 칸에서부터 시작해서 사과나무가 있든 없든 모든 칸을 차례로 돌면서 일을 했다. 이때 한 번 지나간 칸은 다시 지나지 않았다. 대각선으로 움직이지도 않았고, 빗금 친 6개의 칸(건물이 위치한 곳)도 지나지 않았다. 마지막으로 일을 마치고 정원사는 다시 별표가 있는 칸으로 돌아왔다.

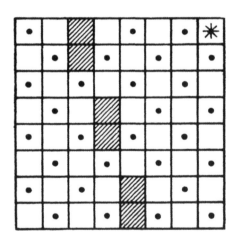

위 그림을 토대로 정원사가 지나간 길을 추정해서 그려보자.

바구니 속의 사과

바구니에 사과가 5개 들어 있다. 5명의 소녀에게 각각 하나씩 사과를 나눠주면서도 바구니 안에 사과 하나가 남아 있게 하려면 어떻게 해야 할까?

너무 오래 생각하지 말 것

작은 방의 네 구석에 고양이가 각각 한 마리씩 앉아 있고, 각 고양이의 앞에는 세 마리의 고양이가 있으며, 각 고양이의 꼬리마다 고양이가 한 마리씩 앉아 있다면, 고양이는 모두 몇 마리일까?

엉망진창이 늘어나는 이유

한 소년이 파란색 연필의 옆면을 노란색 연필 옆면에 붙여서 대고, 두 연필을 똑바로 세워서 잡고 있다. 맞닿은 파란색 연필의 옆면 아래에는 1cm 높이만큼 페인트가 묻어 있다. 소년이 노란색 연필은 가만히 두고 파란색 연필을 아래로 1cm만큼 내렸다가 원래 위치로 올린 후, 다시 한 번 1cm 아래로 움직였다. 이렇게 파란색 연필을 아래위로 다섯 번씩 이동시켜 총 열 번을 움직였다.

그동안 페인트가 전혀 마르거나 양이 줄지 않았다고 가정하면, 열 번 움직인 후 각 연필에는 페인트가 몇 cm 높이로 묻어 있을까?

이 문제는 수학자 레오니드 미카일로비치 리바코프가 오리 사냥을 성공적으로 마치고 집으로 돌아오는 길에 떠올린 것이다. 그가 이 퍼즐을 만들게 된 동기가 해답에 설명되어 있지만, 문제를 풀기 전에는 읽지 않도록 하자.

강 건너기

군인 1개 분대가 강을 건너야 하는데 다리는 망가졌고 강은 깊다. 어떻게 해야 할까? 그때 분대장이 강가 근처에서 놀고 있는 소년 2명을 발견했다. 소년들의 옆에는 노를 저어 움직이는 작은 카누 배가 있었다.

하지만 너무 작아서 소년 2명, 아니면 군인 1명만 탈 수 있을 정도였다. 그래도 결국엔 모든 군인이 배를 타고 강을 무사히 건넜다. 어떻게 했을까?

문제를 머릿속이나, 탁자 위에서 체커 말이나 성냥 같은 것으로 가상의 강을 건너게 해보면서 직접 풀어보자.

늑대, 염소, 양배추

이 문제는 18세기 책에서도 찾아볼 수 있다.

한 남자가 늑대 한 마리와 염소 한 마리, 양배추 한 묶음과 함
께 강을 건너야 한다. 노 젓는 작은 배에 남자가 타면 늑대나 염
소, 양배추 중 하나만 실을 정도의 공간만이 남는다. 남자가 양배
추를 갖고 타면, 늑대가 염소를 잡아먹을 것이다. 늑대를 데리고
타면, 염소가 양배추를 먹을 것이다. 남자가 있어야만 염소와 양
배추가 포식자로부터 안전할 수 있다. 그러면서도 늑대와 염소,
양배추를 모두 강 건너로 옮겨야만 한다. 어떻게 해야 할까?

굴려서 내보내기

길고 좁은 운반 통로 안에 공 8개가 있다. 왼쪽에는 검은 공 4개가 있고 오른쪽에는 약간 더 큰 하얀 공 4개가 있다. 통로 가운데에는 아무 색깔의 공이든 1개가 잠깐 들어갈 수 있는 조그만 공간이 존재한다. 운반 통로 오른쪽 끝에는 검은 공은 통과하지만 하얀 공은 통과할 수 없는 구멍이 있다.

자, 이제 운반 통로에서 검은 공을 모두 빼내보라. (그냥 집어서 빼는 건 안 된다!)

사슬 수리하기

그림 속의 젊은 세공사는 왜 이렇게 깊은 생각에 잠겨 있을까?
5개의 짧은 사슬 조각들을 연결해서 긴 사슬을 만들어야 하기 때
문이다.

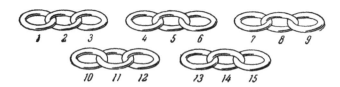

3번 고리를 열어서(첫 번째 작업) 4번 고리에 연결해 달고(두 번째 작업), 6번 고리를 열어서 7번 고리에 연결해 닫는 식으로 해야 할까? 그러면 여덟 번 작업해야 긴 사슬을 완성할 수 있지만, 그는 여섯 번 만에 마치고 싶다. 어떻게 해야 할까?

실수 고치기

12개의 성냥으로 아래의 '계산식'을 만들었다.

이 식은 6 - 4 = 9를 보여주고 있다. 성냥을 딱 하나만 옮겨서 식을 맞게 고쳐보자.

3에서 4 (트릭 퀴즈)

탁자 위에 성냥 3개가 있다. 하나도 더하지 말고 3에서 4를 만들어라. 단 성냥을 부러뜨려서는 안 된다.

3 더하기 2는 8 (트릭 퀴즈)

탁자 위에 성냥 3개를 나란히 놓자. 그리고 친구에게 성냥을 2개만 더해서 8을 만들어보라고 해보자.

정사각형 3개

작은 막대기(또는 성냥) 8개를 준비한다. 그중 4개는 다른 4개의 절반 길이여야 한다. 이 8개의 막대기(또는 성냥)로 똑같은 정사각형 3개를 만들어라.

물건은 모두 몇 개

한 선반 가게에서 납덩이로 어떤 물건을 만든다. 한 덩어리에 물건이 1개씩 나오고, 6개를 만드는 동안 모인 납 부스러기를 녹이면, 납덩이가 하나 더 생긴다. 36개의 납덩어리로 몇 개의 물건을 만들 수 있을까?

깃발 배치하기

한 청소년 단체에서 소규모 수력발전소를 지었다. 개관식을 준
비하면서 청소년 회원들은 발전소의 사면을 화환과 전구, 12개의
조그만 깃발로 장식했다.

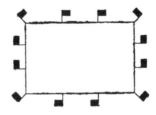

처음에 그들은 앞의 그림처럼 깃발 4개를 한 면에 배치했지만, 곧 한 면에 5개, 심지어 6개까지도 놓을 수 있다는 걸 알게 되었다. 어떻게 하면 될까?

의자 놓기

사각 댄스홀에서 사면의 벽에 똑같은 수의 의자가 놓이도록 벽을 따라 10개의 의자를 배치하려면 어떻게 해야 할까?

언제나 짝수

16개의 물체(동전, 과일, 체커 말)를 4개씩 네 줄로 배치한다. 그 다음 가로세로 각각 짝수 개의 물체가 남도록 6개를 제거해보라 (다양한 답이 가능하다).

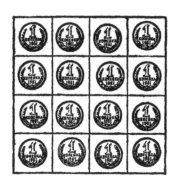

삼각 마방진

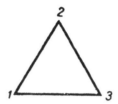

삼각형의 각 꼭짓점에 숫자 1, 2, 3을 배치했다. 삼각형의 각 변에 4, 5, 6, 7, 8, 9를 배치하여 각 변에 놓인 숫자들의 합이 17이 되도록 만들어라.

좀 더 어려운 문제도 있다. 앞과 비슷하지만 이번에는 꼭지점에 지정된 숫자가 없으니 1부터 9까지의 숫자를 자유롭게 배치해서 각 변의 합이 20이 되도록 하라(다양한 답이 가능하다).

공을 갖고 노는 소녀들

　12명의 소녀들이 원형으로 서서 자신의 왼쪽에 있는 아이에게 공을 던지기 시작했다. 공이 한 바퀴를 다 돌자, 이번에는 반대 방향으로 공을 던졌다.

　잠시 후 한 소녀가 말했다. "1명씩 건너뛰어서 공을 던지자."

　"하지만 우린 12명이니까 절반은 공을 만져보지도 못하잖아." 나타샤가 반박했다.

　"음, 그럼 2명씩 뛰어넘자!"

"그럼 더 나쁘지. 겨우 4명만 공을 갖고 놀게 될 거야. 4명을 건너뛰어 다섯 번째 아이에게 던져야 해. 그거밖에는 방법이 없어."

"6명을 건너뛰면?"

"그건 4명을 건너뛰는 거랑 똑같아. 그저 공이 반대편으로 갈 뿐이지."

나타샤가 대답했다.

"매번 10명을 건너뛰어 열한 번째 아이가 공을 잡으면 어때?"

"하지만 그 방법은 이미 해봤잖아." 나타샤가 대꾸했다.

그들은 공을 던질 수 있는 모든 방법을 그림으로 그려보았고, 곧 나타샤가 옳다는 것을 깨달았다. 아무도 건너뛰지 않거나, 혹은 4명(아니면 그 반대 방향인 6명)을 건너뛰어야만 모든 아이가 공을 갖고 놀 수가 있었다(그림 (a) 참조).

아이들이 13명이라면 공은 1명을 건너뛰거나(그림 (b)), 2명(그림 (c)), 3명(그림 (d)), 4명(그림 (e))을 건너뛰어도 모두가 공을 갖고 놀 수 있다. 5명이나 6명을 건너뛰는 경우에는 어떻게 될까? 그림으로 그려보자.

직선 4개

아래 그림처럼 9개의 점을 정사각형 모양으로 찍어놓자. 종이에서 연필을 떼지 않고 직선 4개로 모든 점을 통과해보자.

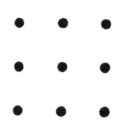

나의 나이

아버지가 31세였을 때 나는 8세였다. 이제 아버지의 나이는 내 나이의 딱 두 배다. 나는 몇 살일까?

염소로부터 양배추를 지켜라

이번에는 점을 연결하는 대신에 직선 3개를 그어서 모든 염소들을 양배추로부터 분리시켜보자.

열차 두 대

무정차 열차가 모스크바를 떠나 레닌그라드까지 시속 60km로 달리고 있다. 또 다른 무정차 열차가 레닌그라드를 떠나 모스크바로 시속 40km로 달리는 중이다.

두 열차가 만나기 1시간 전에 서로 얼마나 떨어져 있을까?

밀물이 들어오면(트릭 퀴즈)

해변에서 그리 멀지 않은 곳에 배 한 척이 옆에 줄사다리를 늘어뜨린 채 정박하고 있다. 줄사다리에는 10개의 단이 있는데, 각 단 사이의 거리는 12cm다. 가장 아랫단이 수면에 닿아 있고, 바다는 잔잔하다. 하지만 밀물이 들어오면서 수위가 시간당 4cm씩 높아지고 있다. 줄사다리의 위에서 세 번째 단을 물이 덮는 것은 몇 시간 후일까?

시계판

아래의 시계판에 직선 2개를 그어, 나뉜 면 안에 있는 숫자의
총합이 서로 같게 만들어보자.

또 시계판을 6개로 나누어 각 면에 숫자가 2개씩 들어가면서
도, 두 숫자의 합 6개 모두가 같게 만들 수 있을까?

부서진 시계판

박물관에서 로마 숫자가 새겨진 오래된 시계를 보았다. 익숙한 IV 대신 여기에는 옛날 방식의 IIII가 새겨져 있었다. 그런데 시계판에 금이 가서 판이 네 조각으로 갈라졌다.

아래 그림에서는 각 조각 안 숫자의 총합이 17부터 21까지 서로 다른 값을 보이는데 시계판의 금을 하나만 움직여서 나뉜 조각의 숫자 합이 똑같이 20이 되도록 만들 수 있을까?

(힌트: 금이 꼭 시계의 중심을 지나야 할 필요는 없다.)

불가사의한 시계

한 시계공에게 집으로 와서 부서진 시계바늘을 고쳐달라는 다급한 전화가 왔다. 마침 시계공이 아픈 상태라 자신의 제자를 보냈다.

제자가 꼼꼼하게 시계를 다 검사하고 나니 날이 어두워져 있었다. 시계 수리를 끝낸 제자는 서둘러 새 바늘을 달고, 자신의 주머니 시계를 보고 시간을 맞추었다. 6시였기 때문에 그는 큰바늘을 12에 놓고 작은바늘을 6에 놓았다.

제자가 집으로 돌아오고 얼마 지나지 않아 전화가 왔다. 수화기를 들자 성난 고객의 목소리가 들려왔다.

"일을 똑바로 못해놓았잖아요. 시간이 틀리다고요."

놀란 제자는 다급하게 고객의 집으로 되돌아갔다. 시계는 8시를 조금 넘긴 시간을 가리키고 있었다. 그는 자기 시계를 고객에게 보여주며 말했다. "시간을 확인해보세요. 손님 시계는 1초도 틀리지 않습니다."

고객도 동의할 수밖에 없었다.

다음날 새벽에 고객이 다시 전화를 해서는 시계바늘이 제멋대로 움직이고 있다고 말했다. 또다시 제자가 서둘러 가보니 시계는 7시를 조금 넘긴 시간을 가리키고 있었다. 자기 시계를 확인하고서 제자도 화를 냈다.

"지금 절 놀리시는 건가요! 시계가 정확하지 않습니까!"

어떻게 된 일인지 당신은 이 상황을 설명할 수 있겠는가?

10개의 직선

16개의 말로 한 직선에 말 4개씩 10개의 직선을 만드는 건 쉽지만, 9개의 말로 한 직선에 말 3개씩 10개의 직선을 만드는 것은 좀 어렵다. 둘 다 해보라.

한 줄에 3개씩

탁자 위에 9개의 단추를 3×3 형태로 놓는다. 일직선상에 단추가 2개 이상 있으면, 이를 1개의 열로 생각한다. 따라서 AB열과 CD열에는 단추가 3개 있고, EF열에는 단추가 2개 있는 셈이다.

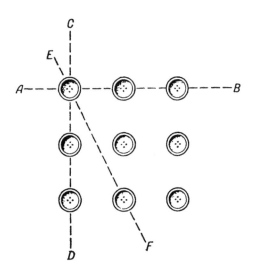

단추가 3개인 열과 2개인 열은 모두 몇 개인가?

이제 단추 3개를 빼낸다. 남은 6개의 단추로 3개의 열을 만들어보자. 이때 한 열에 단추가 3개씩 들어가야 한다(부수적으로 생기는 단추 2개짜리 열은 무시한다).

동전 배열하기

종이 한 장을 꺼내서 아래의 그림을 두세 배쯤 크게 그린 후, 다음과 같이 동전 17개를 준비한다.

20코펙 동전 5개

15코펙 동전 3개

10코펙 동전 3개

5코펙 동전 6개

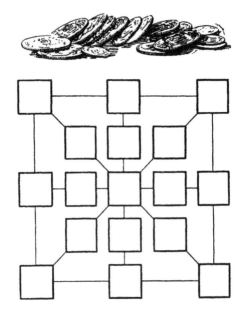

각 직선의 합이 55코펙(kopek, 소련의 화폐 단위 – 편집자)이 되도록 정사각형에 동전을 배열하라.

[이 문제는 화폐 단위를 바꿀 수가 없기 때문에 동전 모양 종이에 코펙 액수를 적는 것으로 대신해도 좋다. – 마틴 가드너]

1~19까지

다음 그림의 총 19개의 원에 1부터 19까지의 숫자를 써서 한 직선상에 오는 3개 원의 숫자 합이 전부 30이 되도록 배열하라.

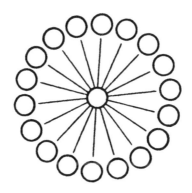

빠르지만 신중하게

제목이 다음 3개 문제에 어떻게 접근하면 좋을지 알려준다.

(A) 버스가 정오에 모스크바를 떠나 툴라로 향한다. 1시간 후 툴라에서 모스크바로 출발한 자전거 선수는 당연히 버스보다 느린 속도로 달린다. 버스와 자전거가 만날 때, 어느 쪽이 모스크바에서 더 멀리 떨어져 있을까?

(B) 6시 정각에 벽시계 종이 여섯 번 울렸다. 내 시계를 보니 첫 번째 종소리부터 마지막 종소리까지 30초가 걸렸다. 자정에 종이 열두 번 치는 데에는 시간이 얼마나 걸릴까?

(C) 제비 세 마리가 한 곳에 있다가 바깥쪽으로 날아간다. 언제 이 세 마리가 한 평면 위에 있게 될까?

이제 해답을 확인해보자. 이 단순한 문제에 도사린 함정에 빠지지는 않았는가?

이런 문제의 매력은 긴장을 늦추지 않고 신중하게 생각하는 법을 가르쳐준다는 것이다.

숫자로 가득 찬 가재

다음 그림처럼 17개의 숫자 조각으로 만들어진 가재가 있다.
이를 확대 복사해 그 모양대로 자르자.

모든 조각을 써서 원 하나와 정사각형 하나를 만들어라.

쉬지 않는 파리

2명의 자전거 선수가 동시에 연습 경주를 시작했다. 1명은 모스크바에서 출발하고, 다른 1명은 심페로폴에서 출발했다.

선수들이 180km 떨어져 있을 때, 파리 한 마리가 이 경주에 흥미를 가졌다. 파리는 한 선수의 어깨에서 출발해서 상대 선수를 향해서 날아갔다. 상대 선수에게 도착하자마자 파리는 즉시 돌아왔다.

이렇게 파리는 쉬지 않고 두 선수가 만날 때까지 계속해서 왔다 갔다를 반복했다. 그러다가 두 선수가 만났을 때 마침내 한 선수의 코 위에 자리를 잡았다.

파리의 속도는 시속 30km였다. 각 자전거 선수의 속도는 시속 15km였다.

파리가 날아다닌 거리는 얼마일까?

책값

책 한 권의 가격이 1달러 더하기 책값의 반만큼이다. 이 책은 얼마일까?

뒤집힌 연도

위아래를 거꾸로 뒤집어 읽어도 원래와 똑같은 가장 최근 연도는 언제였을까?

두 가지 트릭 퀴즈

(A) 한 남자가 딸에게 전화해서 여행 가는 데 필요한 몇 가지 물건을 사오라고 시켰다. 그는 자기 책상 위에 물건을 사는 데 충분한 돈이 든 봉투가 있을 거라고 말했다. 딸은 98이라고 쓰인 봉투를 책상에서 찾았다.

가게에서 딸은 90달러어치 물건을 샀지만, 돈을 내려고 보니 8달러가 남기는커녕 오히려 돈이 모자랐다. 얼마나 모자랐으며, 왜 이런 일이 생겼을까?

(B) 종이 8장에 1, 2, 3, 4, 5, 7, 8, 9를 써서 다음 그림처럼 두 열로 놓는다.

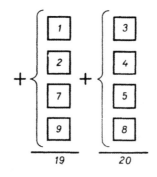

이중 2개를 움직여서 두 열의 총합이 똑같게 만들어보자.

'힐끗' 보고 말하기

여기 두 열로 된 수들이 있다.

123456789	1
12345678	21
1234567	321
123456	4321
12345	54321
1234	654321
123	7654321
12	87654321
1	987654321

  자세히 보자. 오른쪽의 숫자들과 왼쪽 숫자들은 똑같지만, 위아래 순서와 좌우 순서를 뒤집어놓은 것이다. 어느 열의 총합이 더 클까? (우선 '힐끗'보고 답하라. 그다음에 합을 계산해보자.)

빠른 덧셈

(A) 다음의 여섯 자릿수들을 그룹으로 묶어 8초 안에 다 더할 수 있다고 한다. 어떻게 하면 될까?

328,645
491,221
816,304
117,586
671,355
508,779
183,696
882,414

(B) 친구에게 "생각나는 네 자릿수를 최대한 많이 써봐. 그다음에 나도 최대한 많은 수를 써서 내 거랑 네 거를 순식간에 다 더해볼게"라고 말한다.

친구가 다음과 같이 썼다고 하자.

7,621
3,057
2,794
4,518

당신의 첫 번째 수의 숫자들을 친구의 네 번째 수의 숫자들과 매치한다. 즉 친구가 4를 썼으니 당신은 5를, 5에는 4를, 1에는 8을, 8에는 1을 쓴다. 친구의 4,518과 당신의 5,481을 더하면 9,999가 된다. 다른 숫자들도 같은 방식으로 적는다. 그러면 전체 수 리스트는 다음과 같다.

$$7,621$$
$$3,057$$
$$2,794$$
$$4,518$$
$$5,481$$
$$7,205$$
$$6,942$$
$$2,378$$

몇 초 만에 총합이 39,996이라는 것을 어떻게 알 수 있을까?

(C) 친구에게 이렇게 말해보자.

"아무 수나 긴 수 2개를 써봐. 내가 같은 자릿수의 세 번째 수를 쓴 다음 곧장 세 수의 합을 내볼게."

친구가 다음과 같은 수를 썼다고 하자.

$$72,603,294$$
$$51,273,081$$

당신은 어떤 숫자를 써야 하고, 어떻게 순식간에 합을 구할 수 있을까?

어느 손일까

친구에게 '짝수' 동전(예를 들어 10센트짜리 동전, 10이 짝수이기 때문이다) 하나와 '홀수' 동전(예컨대 25센트짜리 동전) 하나를 준 후 오른손, 왼손에 각각 쥐라고 한다.

친구에게 오른손의 동전 가치에 세 배를 하고, 왼손의 동전 가치에 두 배를 한 다음, 두 값을 더하라고 말한다.

그 합이 짝수이면 10센트가 오른손에 있고, 홀수이면 10센트는 왼손에 있다.

이유를 설명하고, 그 변형 문제도 생각해보자.

(마땅한 동전이 없을 경우에는 종이에 금액을 적어서 해보자. – 역자)

몇 명일까

한 소년에게 남자 형제의 수만큼 여자 형제가 있다. 하지만 각 여자들에게는 남자 형제 수의 절반만큼의 여자 형제들이 있다.

그 집에는 몇 명의 남자 형제와 여자 형제들이 있을까?

같은 숫자로

덧셈 부호와 5개의 2를 이용해서 28을 만들어보라. 또 덧셈 부호와 8개의 8을 이용해서 1,000을 만들어보라.

100 만들기

5개의 1을 이용해서 100을 표현하라. 또 5개의 5를 이용해서 세 가지 방법으로 100을 표현하라. 이때 괄호와 대괄호, 연산부호 +, -, ×, ÷를 사용할 수 있다.

연산 대결

우리 학교의 수학 서클에는 특이한 전통이 있다. 각 지원자들은 짧지만 조금 골치 아픈 수학 퀴즈 문제를 받는다. 이 문제를 풀어야만 서클에 가입할 수 있다.

비티아라는 지원자는 다음과 같은 숫자 배열을 받았다.

$$
\begin{array}{ccc}
1 & 1 & 1 \\
3 & 3 & 3 \\
5 & 5 & 5 \\
7 & 7 & 7 \\
9 & 9 & 9
\end{array}
$$

주어진 문제는 12개의 숫자를 0으로 바꿔서 총합을 20으로 만들라는 것이었다.

비티아는 잠깐 생각해본 후, 다음과 같이 빠르게 적었다.

```
0 1 1        0 1 0
0 0 0        0 0 3
0 0 0        0 0 0
0 0 0        0 0 7
0 0 9        0 0 0
─────        ─────
  2 0          2 0
```

그는 미소를 지으며 말했다.

"숫자 10개만 0으로 바꾸면 합계가 1,111이 돼요. 해보세요!"

서클의 부장은 깜짝 놀랐다. 하지만 그는 비티아의 문제를 풀었을 뿐만 아니라 한 걸음 더 나아갔다.

"9개만 0으로 바꿔도 1,111을 만들 수 있어!"

토론이 계속되었고 8개, 7개, 6개, 결국엔 5개만 0으로 바꾸어 1,111을 만드는 방법도 찾을 수 있었다.

이 여섯 가지 형태의 문제를 풀어보자.

20 만들기

4개의 홀수를 더해서 10을 만드는 방법에는 세 가지가 있다.

$$1 + 1 + 3 + 5 = 10$$
$$1 + 1 + 1 + 7 = 10$$
$$1 + 3 + 3 + 3 = 10$$

숫자의 순서를 바꾸는 건 새로운 해법으로 치지 않는다.

이제 8개의 홀수를 더해서 20을 만들어보자. 체계적으로 생각해보면 모두 열한 가지 방법을 찾을 수 있다.

길은 몇 개일까

"우리 수학 서클에서는 이 도시의 16블록을 그림으로 그렸어. 오직 위쪽과 오른쪽으로만 갈 수 있다고 할 때, A에서 C까지 가는 길을 모두 그려보면 서로 다른 경로는 몇 개일까?"

(그림에서처럼) 길의 일부가 일치하는 경우도 다른 경로로 친다.

"이 문제는 쉽지 않아. 70개의 서로 다른 길을 찾으면 다 푼 셈일까?"

우리는 이 학생들에게 뭐라고 대답해줄 수 있을까?

숫자의 순서

아래 그림은 원의 5개 지름 양끝에 1부터 10까지의 숫자를 순서대로 놓은 것이다. 인접한 두 숫자의 합이 반대편의 두 숫자의 합과 같은 경우는 딱 하나뿐이다.

$$10 + 1 = 5 + 6$$

나머지의 경우는 다음 예처럼 서로 같지 않다.

$$1 + 2 \neq 6 + 7$$
$$2 + 3 \neq 7 + 8$$

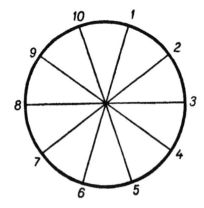

숫자의 배치를 바꿔서 이러한 합들이 서로 같게 만들어보자. 이 문제에 대한 답은 여러 가지가 있다. 기본적인 답은 모두 몇 개 있을까? 또 그 변형은 몇 가지가 있을까? (단순히 숫자를 옆으로 회전시킨 방식은 셈에서 제외한다.)

덧셈과 뺄셈 부호

1 2 3 4 5 6 7 8 9 = 100

이 숫자들 사이에 7개의 덧셈이나 뺄셈 부호를 넣어서 정확한 식을 만들 수 있는 유일한 방법은 다음과 같다.

$$1 + 2 + 3 - 4 + 5 + 6 + 78 + 9 = 100$$

딱 3개의 덧셈이나 뺄셈 부호만 넣어 이를 완성시킬 수 있을까?

다른 행동, 같은 결과

2개의 2에 대해 '더하기'를 '곱하기'로 바꿔도 결과는 똑같다. 즉 2+2=2×2이다. 숫자 3개의 경우에도 쉽다. 1+2+3=1×2×3이기 때문이다.

이제 4개의 숫자를 이용해서, 또 5개의 숫자를 이용해서 더하기, 곱하기 결과가 같은 경우를 각각 찾아보자.

99와 100

987,654,321 사이에 몇 개의 덧셈 부호를 어디에 넣으면 99를 얻을 수 있을까?

답은 2개가 있지만 하나를 찾는 것도 쉽지 않다. 1, 2, 3, 4, 5, 6, 7 사이에 덧셈 부호를 넣어서 100을 만들어보는 것이 이 문제를 푸는 데 도움이 될 것이다. (중앙 시베리아 케메로보에 사는 한 여학생은 2개의 답을 찾아냈다.)

조각난 체스판

장난을 좋아하는 한 체스 선수가 보드지로 만들어진 체스판을 아래 그림처럼 14개의 조각으로 잘랐다. 그와 함께 체스를 두고 싶은 친구는 우선 이 조각들을 원래대로 다시 맞춰야만 한다.

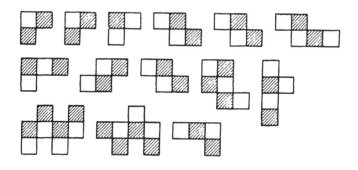

어떻게 맞추면 될까? 위 그림을 확대 복사해 잘라서 직접 해 보자.

지뢰 찾기

한 대령이 사관학교 장교 후보생들에게 퍼즐을 냈다. 그는 벌판 지도를 가리키며 이렇게 말했다.

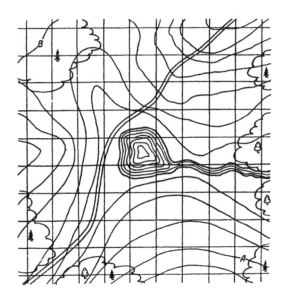

"지뢰 감지기를 든 공병 2명이 적의 지뢰를 찾아 해체하기 위해 이 지역을 탐사해야 한다. 이들은 작은 연못이 있는 가운데 칸 하나만 빼고 모든 칸을 전부 다 확인해야 한다. 두 사람은 가로

나 세로로는 움직일 수 있지만, 대각선으로는 안 되고 각 칸은 단 1명이 한 번씩만 지나갈 수 있다. 첫 번째 병사는 A에서 B로 가고, 다른 병사는 B에서 A로 간다. 두 사람이 각각 같은 수의 칸을 지나도록 경로를 그려라."

당신도 대령의 퍼즐을 풀 수 있는가?

멈춘 시계

내가 가진 유일한 시계는 벽시계뿐이다. 어느 날 태엽 감는 걸 잊어서 시계가 멈춰버렸다. 나는 항상 시간이 맞는 시계를 가진 친구를 찾아가서 잠시 머물다가 집으로 돌아왔다. 그리고 간단한 계산을 한 다음 내 시계를 정확하게 맞췄다.

나한테는 시계가 없는데도 친구네 집에서 돌아오는 데에 시간이 얼마나 걸렸는지 나는 어떻게 알았을까?

2개씩 묶기

10개의 성냥이 일렬로 놓여 있다. 아래 그림처럼 성냥 하나는 성냥 2개를 뛰어넘어 세 번째 성냥 위로 이동할 수 있는데, 이런 방식으로 다음과 같이 성냥들을 다섯 쌍으로 묶는 게 가능하다.

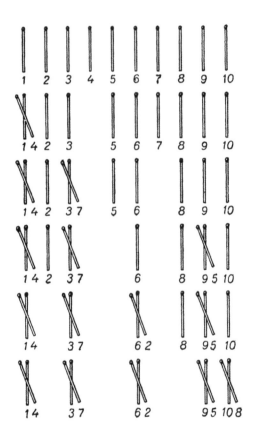

직접 성냥개비를 이용해서 한 번 해보고 다른 방법은 없는지 찾아보자. 어떻게 하는지 이해가 되었다면 다음 문제를 풀어보자.

61

3개씩 묶기

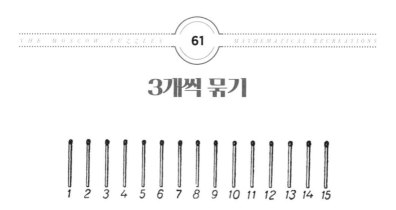

15개의 성냥이 일렬로 놓여 있다. 이를 3개씩 다섯 묶음으로 만들어라. 단 한 번 움직일 때마다 성냥은 다른 성냥 3개를 뛰어 넘어야 한다.

당황한 운전자

자동차의 주행기록계가 15,951km를 보여주고 있다. 운전자는
이 숫자가 회문형임을 알아챘다. 다시 말해 앞에서부터 읽어도,
뒤에서부터 읽어도 둘이 똑같다는 뜻이다.

"재미있네. 이런 일이 또 생기려면 앞으로 한참 걸리겠지?"
운전자는 중얼거렸다.

하지만 2시간 후에 주행기록계는 새로운 회문 숫자를 보여주
었다. 2시간 동안 차는 얼마나 빠른 속도로 달린 걸까?

침랴스크 발전 설비

그 유명한 침랴스크 발전 설비에 급하게 관측 장치가 필요하다고 한다. 이 관측 장치를 만드는 공장에 10명의 노동자가 있다. 공장장(나이와 경험이 많은 사람)과 최근 훈련학교를 갓 졸업한 9명의 노동자다.

9명의 젊은 노동자는 하루에 각각 15세트의 장치를 만들고, 공장장은 10명의 노동자의 평균보다 9세트를 더 만든다. 이들은 하루에 모두 몇 세트의 장치를 만들까?

제시간에 곡물 배달하기

한 집단농장이 주 당국에 곡물 할당량을 배달하려 한다. 콜호스(집단농장) 운영진은 배달트럭이 도시에 정확히 오전 11시에 도착해야 한다는 결론을 내렸다. 트럭이 시속 60km로 달리면, 도시에 1시간 이른 10시에 도착할 것이다. 시속 40km로 달리면 1시간 늦은 12시에 도착할 것이다.

콜호스는 도시에서 얼마나 떨어져 있으며, 11시 정각에 도착하려면 트럭은 얼마의 속도로 달려야 할까?

다차로 가는 전차

두 여학생이 전차를 타고 한 도시에서 다차(여름 별장)로 가고 있었다.

한 여학생이 말했다. "있잖아, 반대편에서 오는 전차들이 5분마다 우리를 스쳐가고 있어. 양쪽 전차가 똑같은 속도로 달린다고 하면, 1시간 동안 도시에 전차가 몇 대나 도착할까?"

"당연히 열두 대지. 60 나누기 5는 12니까." 다른 여학생이 대답했다.

첫 번째 여학생은 동의하지 않았다.

당신은 어떻게 생각하는가?

1~1,000,000,000까지

유명한 독일 수학자 칼 프리드리히 가우스(1777~1855)가 아홉 살이었을 때, 1부터 100까지의 정수를 모두 더하면 얼마냐는 질문을 받았다. 그는 1과 100, 2와 99를 묶어 더해서 101이 되는 숫자 50쌍을 얻었다. 그래서 답은 50×101=5,050이었다.

이제 1부터 1,000,000,000까지의 모든 정수에 있는 숫자들을 더한 합이 얼마인지 구해보자.

모든 수를 더하는 게 아니다. 그 수에 있는 **숫자**들을 더하는 것이다.

축구팬의 악몽

응원하는 팀이 져서 실망한 한 축구팬이 잠자리에 들었다. 꿈 속에서 골키퍼가 가구가 없는 커다란 방에서 벽에 축구공을 던졌 다 받았다 하며 연습을 하고 있었다.

하지만 골키퍼가 점점 작아지더니 탁구공으로 변하고, 축구공 은 점점 커져서 거대한 쇠공이 되었다. 쇠공은 빠르게 빙빙 돌면 서 탁구공을 짓누르려고 하고, 탁구공은 다급하게 이쪽저쪽으로 피하기 시작했다.

탁구공이 바닥에 닿아 있는 채로 안전하게 있을 수 있을까?

내 시계

우리의 위대하고 아름다운 나라 여기저기를 여행하는 동안 나는 낮에는 기온이 확 올라가고 밤에는 기온이 확 떨어지는 지역을 지나게 되었다. 내 시계가 그 영향을 받아 밤에는 1/2분 빨라지고, 새벽이면 1/3분만큼 다시 느려져 1/6분 빨라지게 되었다.

5월 1일 아침에 내 시계는 정확하게 맞춰져 있었다. 시계가 5분 빨라지는 때의 날짜는 언제일까?

토스트 세 장

엄마가 조그만 프라이팬으로 맛있는 토스트를 굽고 있다. 엄마는 얇게 썬 식빵의 한쪽 면을 구운 다음 빵을 뒤집었다. 한 면당 30초가 걸리는데 프라이팬에는 딱 두 장만 올릴 수 있다. 토스트 세 장의 양면을 모두 굽는 일을 2분이 아니라 $1\frac{1}{2}$분만에 완료하려면 어떻게 해야 할까?

계단 오르기

각 층이 똑같은 높이로 된 6층짜리 집이 있다. 6층까지 올라가려면 3층까지 올라갈 때에 비해 몇 배의 시간이 걸릴까?

디지털 퍼즐

2와 3 사이에 어떤 수학기호를 넣어야 2보다는 크지만 3보다는 작은 숫자를 얻을 수 있을까?

학교 가는 길

매일 아침 보리스는 학교까지 걸어간다. 학교 가는 길의 1/4 지점에서 기계와 트랙터 정차장을 지난다. 1/3 지점에는 기차역이 있다. 기계와 트랙터 정차장에서 시계가 7:30을 가리켰고, 기차역에서는 7:35를 가리켰다.

보리스는 몇 시에 집에서 나왔고, 학교에 도착하면 몇 시일까?

경기장에서

경기장 트랙을 따라 같은 간격으로 깃발이 총 12개 세워져 있다. 육상 선수들은 첫 번째 깃발에서 출발 신호를 기다린다.

한 선수가 출발한 지 8초 후에 여덟 번째 깃발에 도착했다. 이 선수가 일정한 속도로 달린다면, 열두 번째 깃발에 도착할 때까지 모두 몇 초가 걸릴까?

시간을 절약할 수 있을까

우리 친구 오스타프가 키예프에서 집으로 간다. 전체 거리의 절반은 걷는 것보다 15배 빠른 열차를 탄다. 나머지 절반은 소를 타고 간다. 걸어가면 소를 탈 때보다 두 배 빨리 갈 수 있다.

전부 다 걸어간다면 시간을 좀 더 절약할 수 있을까? 얼마나 절약할 수 있을까?

알람시계

알람시계가 매시간 4분씩 느려진다. $3\frac{1}{2}$시간 전에 시계를 정확하게 맞췄다. 방금 정확한 다른 시계가 정오를 알렸다.

알람시계는 몇 분 후에 정오를 알릴까?

작은 조각 대신 큰 조각

소련의 기계공업 분야에서 '마커'란 금속판에 선을 긋는 사람이다. 금속판을 이 선대로 잘라서 원하는 모양을 만든다.

한 마커가 동일한 크기의 금속판 일곱 장을 12명의 작업자에게 나눠주라는 지시를 받았다. 각 작업자는 같은 양의 금속판을 받아야 한다. 각 판을 12개의 조각으로 잘라서 나눠주는 간단한 방법은 쓸 수 없다. 그러면 작은 조각이 너무 많이 생기기 때문이다. 어떻게 해야 할까?

그는 잠깐 생각한 다음, 훨씬 편리한 방법을 찾아냈다. 이 방법은 무엇일까?

또 나중에 그는 다섯 장의 금속판을 6명의 작업자에게, 열세 장을 12명에게, 열세 장을 36명에게, 스물여섯 장을 21명에게 최대한 큰 조각으로 똑같이 나눠주어야 했다.

그는 어떻게 했을까?

비누 한 덩어리

저울의 한쪽 접시에 비누 한 덩어리를 올리고, 다른 접시에 비누 3/4 덩어리와 3/4kg 무게추를 올리면 저울이 평형을 이룬다. 비누 한 덩어리의 무게는 얼마인가?

머리를 써야 하는 연산 문제

(A) 2개의 숫자를 이용해서 가장 작은 양의 정수를 만들어라 (일단 정수, 가장 작은 양의 정수 등의 정의부터 알아보자).

(B) 5개의 3으로 37을 표현할 수 있다.

$$37 = 33 + 3 + 3/3$$

또 다른 방법을 찾아보라.

(C) 같은 숫자 6개를 사용해서 100을 만들어라(다양한 답이 가능하다).

(D) 5개의 4를 이용해서 55를 만들어라.

(E) 4개의 9를 이용해서 20을 만들어라.

(F) 아래 그림은 7개의 성냥으로 1/7을 보여주고 있다. 성냥을 빼거나 더하지 않고 자리만 옮겨 1/3에 해당하는 분수를 만들 수 있는가?

(G) 1, 3, 5, 7을 세 번씩 사용하고 덧셈부호를 넣어서 20을 나타내라.

(H) 숫자 1, 3, 5, 7, 9와 덧셈부호를 사용해서 만든 두 수의 합이, 숫자 2, 4, 6, 8과 덧셈부호를 사용해서 만든 두 수의 합과 같다. 각 숫자들을 한 번씩만 사용해서 이 수들을 찾아라. 가분수는

사용할 수 없다.

(I) 두 수의 곱과 차가 같은 수들을 제시하라.

이런 쌍은 셀 수 없을 정도로 많다. 이런 쌍은 어떤 방식으로 생길까?

(J) 0부터 9까지의 숫자를 각각 한 번씩만 사용해서 합이 1이 되는 2개의 같은 크기의 분수를 만들어라(다양한 답이 가능하다).

(K) 0부터 9까지의 숫자를 각각 한 번씩만 사용해서 합이 100이 되는 대분수 2개를 만들어라(다양한 답이 가능하다).

도미노 분수

도미노 상자에서 더블(위아래에 같은 숫자가 있는 패)과 빈 패들을 모두 빼냈다. 분수로 볼 수 있는 나머지 15개의 패를 3열로 배치해서 다음과 같이 각 열의 합계를 $2\frac{1}{2}$로 만들었다.

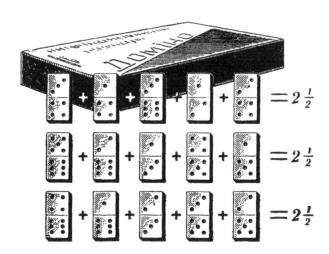

5개의 패를 3열로 배치한 이 15개의 패를 재배열해서 분수의 합이 각 열마다 10이 되도록 만들어라(4/3, 6/1, 3/2 같은 가분수를 사용해도 된다).

미샤의 고양이

어린 미샤는 길고양이를 발견할 때마다 집으로 데려오곤 한다. 그래서 항상 여러 마리의 고양이를 키우지만, 남들이 비웃을까 봐 몇 마리를 키우는지는 절대로 말하지 않는다.

"지금은 고양이가 몇 마리 있어?"

누군가가 물으면 그는 이렇게 대답한다.

"그렇게 많지 않아. 고양이 수의 4분의 3에 고양이 한 마리의 4분의 3을 더한 정도야."

친구들은 농담을 한다고 생각하지만, 그는 정말로 문제를 낸 것이다. 그것도 아주 쉽게.

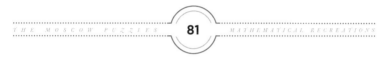

평균속도

짐을 싣지 않은 말 한 마리가 시속 12km로 여정의 절반을 달린다. 나머지 여정은 짐을 싣고 시속 4km로 달린다. 이 말의 평균 속도는 얼마인가?

잠자는 승객

한 승객이 열차를 타고 가다가 목적지까지 거리의 절반 지점에서 잠이 들었다. 그는 자는 동안 온 거리의 절반을 더 가야 하는 지점에서 잠을 깼다. 전체 여정에서 그는 얼마만큼 잔 셈일까?

열차의 길이

시속 45km로 움직이는 열차가 시속 36km로 달리는 열차 옆으로 스쳐 지나갔다. 첫 번째 열차의 승객이 두 번째 열차가 지나가는 것을 6초 동안 보았다. 두 번째 열차의 길이는 얼마일까?

자전거 선수

자전거 선수가 여정의 3분의 2를 달렸을 때, 자전거 타이어에 펑크가 났다. 나머지를 걸어서 오니 자전거를 타고 온 시간의 두 배가 걸렸다.

자전거를 타면 걷는 것보다 몇 배 더 빠른 걸까?

경쟁

금속공예학교의 학생인 볼로댜와 코스챠는 금속판 가공 작업을 하고 있다. 선생님이 그들에게 금속 부품을 만들라고 시켰다. 둘은 동시에 작업을 끝내면서도 마감시간을 당기려 했지만 잠시 후에 보니 코스챠는 볼로댜의 남은 일의 절반만큼밖에 작업을 하지 못했다. 한편 볼로댜의 남은 일은 볼로댜가 이미 한 일의 절반이었다.

코스챠가 볼로댜보다 얼마나 더 빨리 일을 해야 그들이 같은 시간에 마칠 수 있을까?

누가 옳을까

마샤는 토양의 부피를 계산하기 위해 세 수의 곱을 찾아야 한다. 그녀는 첫 번째 수와 두 번째 수를 정확하게 곱한 후, 그 답에 세 번째 수를 곱하려다가, 두 번째 수를 잘못 썼음을 깨달았다. 원래 수보다 3분의 1만큼 더 크게 썼던 것이다.

다시 계산하지 않으려고 마샤는 세 번째 숫자를 3분의 1만큼 줄이면 될 거라는 결론을 내렸다. 두 번째 숫자와 세 번째 숫자가 똑같았기 때문이다.

"하지만 그렇게 하면 안 돼. 그렇게 하면 $20m^3$만큼 틀리게 된다고."

친구가 마샤에게 말했다.

"왜?" 마샤가 물었다.

왜일까? 그리고 정확한 토양의 부피는 얼마일까?

2장

생각을 더 하는
수학퍼즐

이동과 배치

. . . .

이제 수학퍼즐에 적응되었는가?
이번 장의 문제는 앞에서보다 생각을 조금 더 해야 한다.
그래도 이렇게 저렇게 궁리하다 보면 어느새 문제가 풀린다.

대장장이의 재치

지난여름 조지아 공화국을 여행하면서 우리는 온갖 특이한 이야기를 만들어냈다. 옛 유물들을 보자 영감이 떠올랐던 것이다.

어느 날 우리는 버려진 오래된 탑을 지나게 되었다. 일행 중에 한 수학과 학생이 재미난 퍼즐 이야기를 지어냈다.

"삼백 년쯤 전에 여기에 성질 고약하고 자존심만 센 공작이 살았어. 그는 결혼할 나이가 된 딸 다리지안을 부유한 이웃과 결혼시키려고 했지만, 딸은 평범한 대장장이 케초와 사랑에 빠져 있었어. 연인은 산맥을 넘어 도망치려 했지만, 결국 붙잡혔지.

화가 난 공작은 다음날에 두 사람을 모두 처형하기로 했어. 그래서 미완성인 채 버려진 이 어두침침한 탑에 그들을 가둬놨지. 연인이 도망치는 걸 도왔던 젊은 하녀 역시 함께 갇혔어.

케초는 차분하게 주위를 둘러보고 계단을 올라 탑의 위층에 가서 창밖을 내다봤어. 그리고 여기서 뛰어내려서는 살아남기 힘들겠다는 걸 깨달았지. 하지만 석공들이 잊어버리고 간 로프가 창가에 매달려 있는 걸 발견했어. 로프는 창문 위쪽 탑에 녹슨 도르래에 걸려 있었고, 로프 양 끝에는 빈 바구니가 매달려 있었지. 이 바구니는 석공들이 벽돌과 아래층의 돌무더기를 운반하는 데 사용하던 거였어. 케초는 한쪽의 무게가 다른 쪽보다 5kg 더 무거

우면, 무거운 바구니가 바닥까지 부드럽게 내려가고 반대편 바구니는 창턱으로 올라온다는 걸 알아냈지.

두 여자를 보고서 케초는 다리지안의 몸무게는 50kg이고, 하녀는 40kg일 거라고 추측했어. 자신은 90kg이었고. 탑에서 그는 13개의 쇠사슬 조각을 찾아냈는데, 사슬 하나는 5kg이었어. 결국 3명의 죄수 모두가 무사히 지상으로 내려왔지. 내려가는 바구니가 올라가는 바구니보다 5kg 넘게 무거웠던 적은 한 번도 없었고.

이들은 어떻게 탈출했을까?"

고양이가 쥐를 잡아먹는 방법

야옹이는 낮잠을 자기로 했다. 꿈에서 야옹이는 열세 마리의 쥐에 둘러싸여 있었다. 열두 마리는 회색이고 한 마리는 하얀색이었다. 주인이 이렇게 말하는 소리가 들렸다. "야옹아, 계속 같은 방향으로 돌면서 매번 열세 번째 쥐를 잡아먹으렴. 단 마지막에 잡아먹는 쥐는 하얀색이어야 해."

어느 쥐부터 잡아먹기 시작해야 할까?

검은방울새와 개똥지빠귀 새장

여름 캠프가 끝날 무렵, 아이들은 그간 잡은 스무 마리의 새를 풀어주기로 했다. 지도교사가 말했다.

"새장을 일렬로 쭉 세워보렴. 왼쪽에서 오른쪽으로 세다가 다섯 번째마다 새장을 열어주는 거야. 열 끝까지 가면 처음으로 돌아오고. 마지막에 남은 두 마리 새는 도시로 가져가렴."

대다수의 아이들은 어떤 새를 도시로 가져갈지 상관하지 않았지만, 타냐와 알릭은 검은방울새와 개똥지빠귀에 푹 빠져 있었다. 그래서 새장을 줄 세우는 동안 그들은 고양이와 쥐(88번 문제)를 떠올렸다. 그들은 어느 새장에 이 두 마리 새를 넣어야 할까?

성냥머리에 놓인 동전

성냥 7개와 동전 6개를 준비한 후, 탁자 위에 성냥을 아래 그림 처럼 별 모양으로 배치한다. 그리고 아무 성냥에서나 세기 시작 해서 시계방향으로 세 번째 성냥 머리에 동전을 놓는다.

이번에는 동전이 없는 성냥 중에서 아무거나 선택한 다음, 그 성냥에서 시작해서 시계방향으로 움직이며 세 번째 성냥 머리에 동전을 놓는다. 이미 머리에 동전이 놓여 있는 성냥이라 해도 뛰 어넘어서는 안 된다.

어떤 성냥 머리에도 동전을 2개 놓지 않고 6개의 동전을 모두 배치할 수 있을까?

여객 열차를 통과시켜라!

기관차와 5개의 차량으로 이루어진 선로 보수 열차가 작은 역에 정차해 있다. 역에는 기관차와 2개의 차량이 들어가는 작은 대피 측선로가 있다.

여객 열차가 곧 올 예정이다. 그 열차는 어떻게 지날 수 있을까?

세 소녀의 변덕

이런 종류의 문제가 생긴 역사는 수세기를 거슬러 올라간다.

3명의 소녀가 각각 아버지와 함께 산책에 나섰다. 그들은 작은 강가로 갔다. 강가에는 한 번에 2명씩만 태울 수 있는 배가 있었다. 강을 건너는 건 간단한 일이지만, 소녀들이 변덕을 부리기 시작했다. 자신의 아버지가 함께 있지 않는 한, 어떤 소녀도 모르는 남자(또는 남자들)와 함께 배나 강가에 있고 싶지 않다고 하는 것이다. 물론 소녀들도 노를 저을 수 있다.

이들은 모두 어떻게 강을 건너야 할까?

특정한 조건이 주어지면

(A) 6명이 강을 건넌 후, 그들은 특정 조건하라면 네 쌍도 건널 수 있지 않을까 생각했다. 물론 그럴 수 있다. 배에 3명을 태울 수 있다면 말이다.

(B) 심지어는 2명만 태울 수 있는 배로도 네 쌍의 소녀와 아버지들을 강 건너편으로 실어 나를 수 있다. 중간에 사람을 내리고 태울 섬이 하나 있다면 말이다.

두 경우 모두 어떻게 하면 될지 설명하라.

뛰어넘는 체커 말

그림의 사각 칸 1, 2, 3에 흰색 말 3개를 놓고 칸 5, 6, 7에 검은색 말 3개를 놓는다. 여기서 흰색 말을 검은색 말이 있는 자리로 옮기고, 검은색 말은 흰색 말이 있는 자리로 옮겨라.

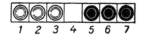

말은 인접한 빈칸이나 옆의 말 하나를 뛰어넘어 그 옆 빈칸으로 옮길 수 있다. 열다섯 번 움직이면 이 문제가 해결 가능하다.

흰색과 검은색 바꿔치기

4개의 검은색 말과 4개의 흰색 말(또는 4개의 10원짜리 동전과 4개의 100원짜리 동전)을 탁자 위에 일렬로 흰색, 검은색, 흰색, 검은색의 순서로 놓는다. 한쪽 끝에는 2개의 말이 들어갈 빈칸을 남겨둔다. 네 번 움직여서 모든 검은색 말을 한쪽으로 보내고, 흰색 말은 반대편으로 보내라. 단 인접한 말 2개를 그 순서 그대로 한꺼번에 빈칸으로 옮겨야 한다.

문제 꼬기

앞 문제처럼 8개 말의 경우에는 네 번만 움직이면 된다. 그렇다면 10개의 말을 어떻게 다섯 번 움직여야, 또 12개의 말을 여섯 번, 14개의 말을 일곱 번 어떻게 움직여야 자리 이동을 완료할 수 있을지 설명해보자.

일반화 문제

앞의 두 문제로부터 $2n$개의 말을 n번 움직이는 방법을 설명하는 일반적인 과정을 도출하라.

순서대로 놓인 숫자 카드

카드 한 벌에서 에이스부터 10까지 꺼낸다. 에이스는 탁자 위에 뒤집어놓고, 손에 들고 있는 카드의 제일 뒤쪽으로 2를 보낸다. 그다음 3은 탁자 위 에이스를 뒤집어놓은 위쪽에 올리고, 4를 다시 손에 들고 있는 카드의 제일 뒤쪽으로 보내는 식으로 하면서 모든 카드를 탁자 위 뒤집어놓는 카드 뭉치에 정리한다.

당연히 탁자 위 카드들은 숫자 순서대로 놓이지 않을 것이다.

이걸 가지고 다시 위와 같은 방식으로 정리해 탁자 위 카드가 에이스부터 시작해서 제일 위에 10이 오도록 만들려면 어떤 순서로 손에 카드를 갖고 있어야 할까?

2개의 배열 퍼즐

(A) 12개의 말(동전, 종잇조각 등등)이 한 변에 4개씩 정사각형 형태로 놓여 있다. 한 변에 5개씩 놓이도록 말의 위치를 바꿔보자.

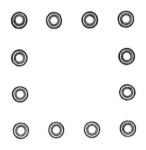

(B) 12개의 말이 한 열에 4개씩 들어가면서 가로 세 열, 세로 세 열이 되도록 배치해보자.

줄지 않는 신기한 상자

미샤는 여동생 이로치카를 위해서 크림 반도의 여름 캠프에서 작고 예쁜 상자를 가져왔다. 이로치카는 아직 학교에 갈 나이가 아니지만 10까지는 셀 수 있다. 동생은 아래 그림처럼 각 변에서 조개 10개씩을 셀 수 있어서 이 상자를 좋아했다.

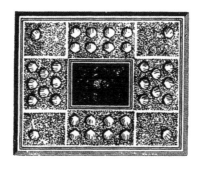

어느 날 이로치카의 엄마가 상자를 닦다가 실수로 4개의 조개를 깨뜨렸다. "별거 아니에요." 미샤가 말하고는 남은 32개의 조개 중 몇 개를 떼고 다시 붙여 각 변에 다시 조개가 10개씩이 되도록 만들었다.

며칠 후 상자가 바닥에 떨어져 조개 6개가 더 부서졌다. 미샤는 또다시 조개의 위치를 바꿔(딱 대칭은 아니지만) 이로치카가 각 변에서 조개 10개씩을 셀 수 있도록 만들었다. 두 배열을 찾아라.

용맹한 수비군

용맹한 수비군이 눈 요새를 방어하고 있다. 사령관은 부하들을 아래 그림처럼 정사각형으로 배치했다(안쪽 정사각형은 수비군 전체가 40명임을 보여준다). 요새의 한쪽 면을 각각 11명의 소년이 수비하고 있다.

눈 요새에서는 첫 번째, 두 번째, 세 번째, 네 번째 공격을 맞아 4명씩의 소년을 '잃었고', 다섯 번째와 최후의 공격에서 2명을 더 잃었다. 그런데도 매 공격 때마다 11명의 소년이 눈 요새 각 면을 지켰다. 어떻게 했을까?

칸칸이 짝을 지어요

16개의 정사각형 칸을 네 가지 색상으로 네 칸씩 칠한다. 예를 들어 흰색, 검은색, 빨간색, 초록색을 칠한다고 하자. 4개의 흰색 칸에 1, 2, 3, 4라고 쓰고 검은색 칸과 다른 색 칸에도 똑같이 1, 2, 3, 4 숫자를 매기자.

4×4 정사각형 형태로 이 숫자 칸들을 배치해야 하는데 가로, 세로, 대각선 각각에 모든 숫자와 모든 색이 들어가도록 해보자. 답은 여러 가지가 있다. 몇 가지나 있을까?

전등 달기

한 기술자가 TV를 보기 위해 방에 전등을 설치했다. 처음에는 각 모퉁이에 3개씩의 전등을 달고, 방의 네 면에 각각 3개씩의 전등을 달아 아래 그림처럼 총 24개를 설치했다.

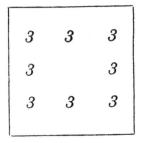

여기에 전등 4개를 더 달았다가, 또 4개를 추가했다. 그다음에는 총 20개의 전등으로 꾸며보기도 하고, 18개만 설치해보기도 했다. 하지만 항상 모든 벽에 9개의 전등 수는 유지되었다. 어떻게 한 걸까? 또 다른 개수로도 할 수 있을까?

실험용 토끼 배치

한 연구소에서 토끼 실험을 하기 위해 2층으로 된 특수 우리를 준비했다. 특수 우리의 한 층에는 9개의 방이 있다. 토끼는 위층에 8개, 아래층에 8개, 즉 총 16개의 방에 들어갈 수 있다(가운데 2개의 방은 장비를 넣어놓는 용도이므로 논외로 한다).

실험에는 다음의 네 가지 조건이 있다.

1. 16개 방 모두가 차야 한다.

2. 한 방에는 토끼를 세 마리까지 넣을 수 있다.

3. 바깥 4개의 옆면을 봤을 때, 각각(두 층 합쳐서)에 열한 마리의 토끼가 있어야 한다.

4. 위층 전체의 토끼 수는 아래층 전체의 토끼 수의 두 배여야 한다.

연구소에 예상보다 세 마리 적게 토끼가 도착했으나, 위의 네가지 조건에 맞게 토끼를 배치할 수 있었다. 그렇다면 원래 토끼가 몇 마리 올 예정이었고, 실제로는 몇 마리가 도착했을까? 또 어떻게 배치했을까?

조명 축제 준비

앞의 문제에서 사각형의 모서리를 따라 물체를 배열할 때, 물체의 총 개수는 바뀌어도 각 변에 놓인 물체의 개수 자체는 일정하게 유지할 수 있었다. 이처럼 두 모서리에 동시에 속하는 구석에 놓이는 물체뿐만 아니라, 일반적으로 두 선에 동시에 속하는 교차점에 관해서도 생각해볼 수 있다.

예를 들어 일루미네이션(조명) 축제 준비를 위해 10개의 전구를 한 열에 4개씩 다섯 열로 배치할 수 있겠는가? 답은 아래와 같은 오각별 모양이다.

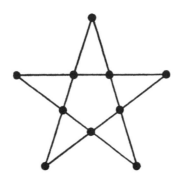

비슷한 문제를 살펴보자. 가능한 한 대칭적인 형태의 답을 찾아보라.

(A) 12개의 전구를 한 열에 4개씩 여섯 열로 배치하라(다양한 답이 가능하다).

(B) 13개의 관목을 한 열에 3개씩 열두 열로 배치하라.

(C) 아래 그림처럼 삼각형 테라스에 정원사가 한 열에 장미 네 그루씩 열두 열의 직선 형태로 장미 열여섯 그루를 키우고 있다. 그러다가 화단을 만들어서 열여섯 그루의 장미를 네 그루씩 열다섯 열로 옮겨 심었다. 어떻게 했을까?

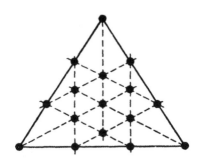

(D) 이제 스물다섯 그루의 나무를 한 열에 다섯 그루씩 열두 열로 배치해보라.

나무를 심어라

참나무를 한 열에 여섯 그루씩 아홉 열로 배치해서 만든 육각별 모양의 참나무 스물일곱 그루는 근사한 풍경을 보여주지만 진정한 삼림 애호가라면 따로 떨어진 세 그루의 나무에 불만을 제기할 것이다. 참나무는 위로는 햇빛이 비치는 것을 좋아하지만, 옆으로는 다른 수목이 많은 것을 선호한다. 흔히 하는 말처럼 코트는 입되 모자는 쓰지 않는 타입인 것이다.

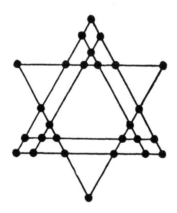

스물일곱 그루의 참나무를, 대칭적이면서도 모든 참나무들이 세 무리로 모이는 형태로 한 열에 여섯 그루씩 아홉 열로 배치하라.

기하학이 필요해

(A) 10개의 체커 말(또는 동전이나 단추 등)을 아래 그림처럼 5개씩 두 열로 탁자 위에 놓는다. 한 열에서 3개의 말을 옮기고, 다른 열에서 1개의 말을 옮겨서, 한 열에 말 4개씩이 있는 다섯 열의 직선을 만들어라. 단 4개의 말 외의 다른 말을 옮겨서는 안 되고, 말들을 수직으로 위에 쌓아서도 안 된다. 꼭 대칭형일 필요는 없다. 어떤 기본 규칙이 적용되는지 알아보자.

다음의 다섯 가지 해법은 모두 다른 형태를 보여준다. 이외에도 방법이 많다. 똑같은 말들을 골라 다른 형태로 움직일 수도 있고(그림 (a)와 (d)), 다른 4개의 말을 고를 수도 있다. 말을 고르는 방법만도 오십 가지다. 50이라는 수는 윗줄의 5개 중에서 3개의 말을 고르는 방법 열 가지에, 아랫줄의 5개 중에서 1개의 말을 고르는 방법 다섯 가지를 곱하여 나온 값이다.

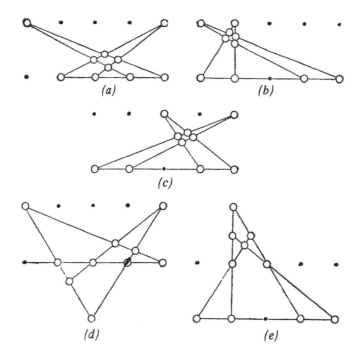

이번에는 직접 풀어보자. 각 참가자 앞에 두 열로 말 10개씩을 놓는다. 참가자들은 각자 4개의 말을 옮겨서(한 열에서 3개, 다른 열에서 1개) 한 열에 말 4개씩이 있는 다섯 열을 만든다. 다 만들었으면 서로의 답을 비교해보자. 같은 형태를 만든 참가자들은 1점을 얻는다. 독특한 형태를 만든 참가자는 2점을 얻는다. 시간 안에 끝내지 못한 사람은 0점이다.

풀이를 종이에 그려서 할 수도 있다. 또한 각 열에서 말을 2개씩 움직이고, 말 위에 말 쌓기를 허용하는 방식이라면 그림 (f)와 (g)와 같은 수많은 답을 찾을 수 있다.

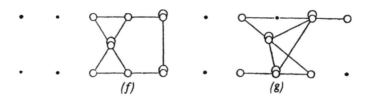

(f)   *(g)*

(B) 마분지 판에 정사각형 격자무늬로 49개의 조그만 구멍을 뚫는다. 아래 그림과 같이 10개의 구멍에 성냥을 꽂고 다음 문제를 풀어보자.

3개의 성냥을 다른 구멍으로 옮겨서 한 열에 성냥이 4개씩 들어 있는 다섯 열을 만들어라.

우선 아래의 그림으로 문제를 풀어보고, 그다음에는 시작 형태와 열의 수를 바꾸어서 다양하게 해보자.

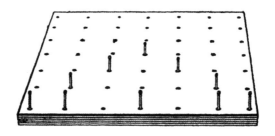

짝수와 홀수 옮기기

8개의 체커 말에 번호를 붙이고 다음 그림처럼 수직으로 쌓는다. 움직이는 횟수를 최소한으로 해서 최종적으로 1, 3, 5, 7번 말은 중앙에서 '홀수' 원으로 옮기고 2, 4, 6, 8번 말은 '짝수' 원으로 옮겨야 한다. 단 한쪽 더미의 제일 위에 있는 말을 다른 더미의 제일 위로만 옮길 수 있다. A, B, C, D 중 빈 곳은 어디든 갈 수 있지만 큰 숫자의 말을 작은 숫자의 말 위에 놓거나, 홀수 말을 짝수 말 위에, 또는 짝수 말을 홀수 말 위에 놓을 수는 없다.

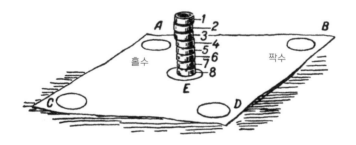

즉 3 위에 1, 7 위에 3, 6 위에 2는 올릴 수는 있지만, 1 위에 3을 올리거나 2 위에 1을 올릴 수는 없다.

숫자를 이동시켜라

아래 그림처럼 25칸에 숫자 25까지 쓰여 있는 말을 배치한다. 말의 위치를 교환하여 숫자 순서대로 말들을 정렬해보자. 즉 1, 2, 3, 4, 5번 말을 첫줄의 왼쪽부터 오른쪽까지 놓고 6, 7, 8, 9, 10을 둘째 줄에 놓는 것이다.

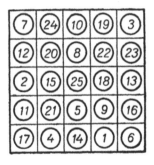

가능한 최소 이동 횟수는 몇 번인가? 또 어떤 기본 규칙을 사용해야 할까?

중국식 선물상자

한 유명한 중국식 상자는 안에 작은 상자가 들어 있고, 그 안에 더 작은 상자가 있는 식으로 여러 개의 상자가 포개져 있다.

4개의 상자로 장난감을 만들어보자. 3개의 작은 상자에는 각각 사탕 4개씩을 넣고 가장 큰 상자에는 사탕 9개를 넣는다.

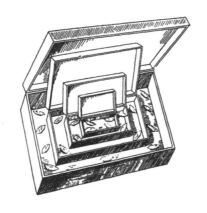

이 21개의 사탕이 든 상자를 친구에게 생일선물로 주면서, 각 상자에 사탕이 '짝수+1'만큼씩 들어 있도록 사탕을 재배치해야만 먹을 수 있다고 말해보자.

물론 우선은 당신이 먼저 이 퍼즐을 풀어야 한다.

나이트로 폰 잡기

이 문제를 풀기 위해 당신이 체스 선수가 될 필요는 없다. 그저 나이트가 체스판에서 한쪽 방향으로 두 칸 가고, 거기서 수직으로 꺾어서 한 칸 더 간다는 것만 알면 된다. 그림은 체스판 위에 16개의 검은색 폰(pawn)이 있는 모습을 보여준다.

나이트를 처음에 원하는 곳에 올려놓고 열여섯 번 움직여서 16개의 폰을 전부 잡을 수 있을까?

자리 바꾸기

(A) 숫자 9까지의 체커 말을 아래 그림처럼 배치한다.

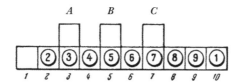

75회 말을 움직여서 1번 말은 1번 칸에, 2번 말은 2번 칸에 등 등으로 9번까지의 말을 제자리로 모두 옮길 수 있을까? 단 말은 가로세로로 움직여 빈칸으로 갈 수는 있지만, 다른 말을 뛰어넘 을 수는 없다.

(B) 아래 그림에서 46회 움직여서 검은색과 흰색 말의 자리를 바꾸어라. 이동 조건은 다음과 같다.

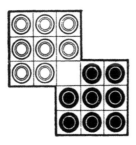

말은 가로세로로 움직여 빈칸으로 갈 수 있으며, 말 하나를 뛰어넘을 수도 있다. 흰색과 검은색 말을 번갈아 움직일 필요는 없다.

딱 하나의 글자만 가능

(A) 4×4 정사각형에서 각각의 가로열과 세로열, 또 가장 큰 대각선 2개에 글자가 딱 한 개씩만 들어가도록 4개의 글자를 배치하라. 4개의 글자가 동일하다면 해법은 몇 가지가 있을까? 또 글자가 모두 다르다면 해법은?

(B) 이제 4×4 정사각형에 각각 4개씩의 a, b, c, d를 배치하는데, 가로, 세로, 대각선에 같은 글자가 들어가지 않도록 해야 한다. 해법은 몇 가지가 있을까?

숫자를 묶어보자

1부터 15까지의 정수를 3개씩 묶어서 5개의 등차수열로 멋지게 정리할 수 있다.

$$\left.\begin{matrix} 1 \\ 8 \\ 15 \end{matrix}\right\} d=7, \quad \left.\begin{matrix} 4 \\ 9 \\ 14 \end{matrix}\right\} d=5, \quad \left.\begin{matrix} 2 \\ 6 \\ 10 \end{matrix}\right\} d=4, \quad \left.\begin{matrix} 3 \\ 5 \\ 7 \end{matrix}\right\} d=2, \quad \left.\begin{matrix} 11 \\ 12 \\ 13 \end{matrix}\right\} d=1$$

예를 들어 8 - 1 = 15 - 8 = 7이기 때문에 첫 번째 묶음의 d(공차)는 7이다.

이제 첫 번째 묶음은 고정해두고 d = 5, 4, 2, 1인 새로운 묶음 4개를 만들어보자. 또 다른 d값으로 묶을 수는 없는지도 살펴보자.

별은 어디에

아래의 판에서 흰색 칸에 별 하나를 놓았다.

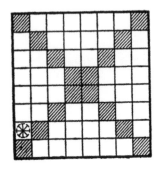

흰색 칸에 별 7개를 더 놓아보자. 단 8개의 별 중 어떤 별도 가로, 세로, 대각선으로 같은 줄에 있지 않아야 한다.

마지막은 1번 자리로

마분지 한 장을 32개의 원형 조각으로 자르고, 아래 그림을 크게 확대한 종이 위에 놓는다. 1번 자리는 비워놓는다.

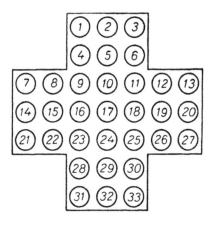

조각은 가로나 세로로, 인접한 한 조각을 뛰어넘어 빈자리로 갈 수 있으며, 그때마다 뛰어넘었던 조각은 판에서 빼낸다. 31회 움직여서 마지막 조각이 1번 자리로 가도록 해보자(다양한 답이 가능하다).

동전 모양 바꾸기

6개의 똑같은 크기의 동전이나 원반을 그림 (a)처럼 놓는다.

네 번 움직여서 그림 (b) 형태의 고리로 만들어라. 움직일 때,

원반은 최소한 2개의 다른 원반과 맞닿는 곳으로만 갈 수 있다.

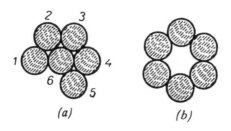

(a)   *(b)*

이 문제의 기본 해법 스물네 가지를 찾을 수 있겠는가(순서를 바
꿔서 똑같이 이동하는 것은 기본 해법으로 치지 않는다)? 한 가지 해법을
제시해보겠다. 1을 2, 3으로 옮긴다(1번 원반을 2번과 3번 원반에 맞
닿도록 움직인다는 뜻이다). 2를 6, 5로 옮긴다(2번 원반을 6번과 5번에
맞닿도록 움직인다는 뜻이다). 그다음에 6을 1, 3으로 1을 6, 2로 옮
기면 된다.

얼음 위의 피겨 스케이터

'얼음 위의 발레 학교' 학생들이 모스크바 스케이트장에서 연습을 하고 있다. 한쪽의 정사각형 빙판은 64개의 꽃으로 장식되어 있고(그림 (a)), 또 한쪽의 빙판은 체스판 모양이다(그림 (b)).

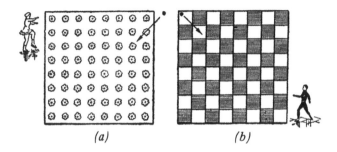

(a)   *(b)*

소녀 스케이트 선수가 꽃 빙판 바깥에 있는 검은 점에서 시작해 화살표를 따라(거리는 중요치 않다) 그림 (a)의 빙판에 들어간다. 그녀는 14개 직선을 따라 모든 꽃들을 지난 후(몇 개는 여러 번 지난다), 다시 검은 점으로 돌아왔다. 그녀가 지나간 길을 그려보라.

소년도 17개 직선을 따라 모든 흰색 정사각형을 지나간다(몇 칸은 여러 번 지나지만 제일 위 흰색 네 칸은 한 번씩만 지나가고, 검은색 칸은 하나도 지나가지 않는다). 검은 점((b)의 왼쪽 위)에서 오른쪽 제일 아래 칸까지 오는 길을 그려라. 둘 다 여러 경로가 가능하다.

콜리아 시니치킨의 체스

4학년생 콜리아 시니치킨은 나이트를 체스판 왼쪽 아래(a1)에서 오른쪽 위(h8)로 옮기면서 중간에 있는 모든 칸을 한 번씩 다 지나가고 싶어 한다. 할 수 있을까?

단 나이트는 한쪽 방향으로 두 칸을 가고 거기서 수직으로 꺾어서 한 칸 더 간다는 사실을 명심하라.

감옥에서 탈출하라

한 죄수가 145개의 문이 있는 지하감옥에 던져졌다. 검은색 굵은 선의 9개 문은 잠겨 있지만, 그 직전에 정확히 8개의 열린 문을 지나왔다면 문이 열린다. 열린 모든 문을 지날 필요는 없지만, 모든 방과 9개의 잠긴 문은 다 지나야 한다. 같은 방이나 문을 두 번째로 지나려 하면 문이 잠겨버리고 그 안에 갇히게 된다.

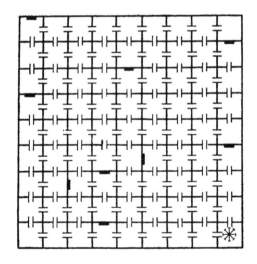

감옥의 지도를 갖고 있던 죄수(오른쪽 제일 아래 방에 있다)는 한 참을 고심한 끝에 모든 잠긴 문을 지나 왼쪽 제일 위 구석의 마지막 방을 거쳐 탈출했다. 어떤 길로 갔을까?

열쇠부터 찾을 것

이 감옥에는 49개의 감방이 있다. 7개 방에는(그림의 A부터 G까지) 잠긴 문이 있다(검은색 굵은 선). 열쇠는 각각 방 a부터 g에 있다. 다른 문들은 그림처럼 한쪽으로만 열린다.

감방 O에 있던 죄수는 어떻게 탈출했을까? 어느 문이든 여러 번 지나가도 되고, 잠긴 문을 특별한 순서로 열어야 할 필요도 없다. 그의 목표는 g 감방에 있는 열쇠를 찾아서 G 감방을 지나 탈출하는 것이다.

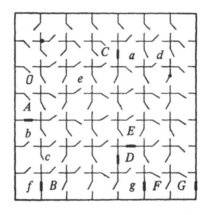

성냥개비는
퍼즐 친구

성냥개비 기하학

같은 길이의 성냥이나 이쑤시개는 우리 두뇌를 단련시켜주는
훌륭한 퍼즐 친구다. 성냥개비를 단순하게 늘어놓지 말고
기하학적으로 궁리해본다면 무궁무진한 답이 가능해진다.

24개의 성냥으로(부러뜨리지 않고) 동일한 정사각형을 몇 개나 만들 수 있을까?

한 변에 6개의 성냥을 사용하면 1개의 정사각형을 만들 수 있다. 한 변에 5개나 4개로는 만들 수 없다. 한 변에 3개로는 아래 그림처럼 2개의 정사각형을 만들 수 있다.

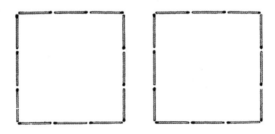

2개로는 아래 그림처럼 3개의 정사각형을 만들 수 있다.

하지만 사실 한 변에 성냥 3개를 사용해서 정사각형 2개가 아니라 3개를 만들 수도 있다(다음 예를 보라).

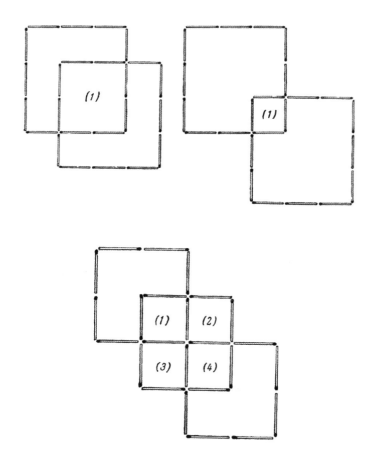

한 변에 성냥을 2개씩 사용하면 4개의 정사각형을 추가로 더 만들 수 있다(총 7개, 위). 두 경우 모두 추가된 정사각형들의 크기가 더 작다. 한 변에 성냥 1개를 사용하면 똑같은 정사각형을 6개

(그림 (a))나 7개(그림 (b)), 또는 8개(그림 (c), (d)), 9개(그림 (e))를 만들 수 있다. 그리고 마지막 세 경우에는 커다란 별도의 정사각 형들이 생긴다. 그런 정사각형이 그림 (c)에는 1개, 그림 (d)에는 2개, 그림 (e)에는 5개가 있다. 큰 정사각형들이 보이는가?

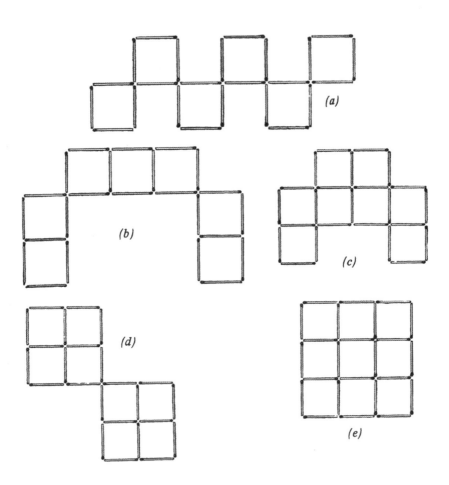

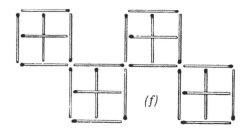

(f)

사각형 한 변을 성냥 반 개로 만들면(성냥을 서로 교차시켜서 만듦. 그림 (f)), 위 그림처럼 16개의 작은 정사각형과 4개의 큰 정사각형을 만들 수 있다.

한 변을 성냥 1/3개로 만들면, 27개의 작은 정사각형과 15개의 큰 정사각형이 생긴다(아래 그림 (g) 참조). 1/5개라면 50개의 작은 정사각형과 60개의 큰 정사각형이 만들어진다(그림 (h)).

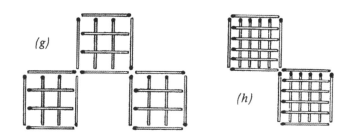

(g)

(h)

이제 성냥개비 퍼즐들을 풀어보자.

정사각형을 만들어라

그림처럼 12개의 성냥으로 만들어진 4개의 단위 정사각형(성냥 1개가 한 변인 정사각형)과 큰 정사각형 하나에서 시작하자.

(A) 성냥 2개를 빼서 크기가 다른 정사각형 2개만 남겨라.

(B) 성냥 3개를 움직여서 3개의 똑같은 정사각형을 만들어라.

(C) 성냥 4개를 움직여서 3개의 똑같은 정사각형을 만들어라.

(D) 성냥 2개를 움직여서 7개의 정사각형을 만들어라. 크기가 달라도 괜찮으며, 성냥을 서로 교차시켜도 된다.

(E) 4개의 성냥을 움직여서 10개의 정사각형을 만들어라. 크기가 달라도 괜찮으며, 성냥을 서로 교차시켜도 된다.

한 번 더 꼬인 트릭 퀴즈1

규칙을 무시하고 성냥 6개로 1개의 정사각형을 만들어보라.

한 번 더 꼬인 트릭 퀴즈2

성냥을 부러뜨리거나 자르지 않고 성냥 2개로 정사각형 하나를 만들어라.

움직이거나 빼거나

그림처럼 24개의 성냥으로 만들어진 9개의 단위 정사각형(과 큰 정사각형 5개)에서 시작하자.

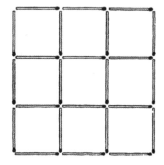

(A) 성냥 12개를 움직여서 2개의 똑같은 정사각형을 만들어라.

(B) 성냥 4개를 빼서 1개의 큰 정사각형과 4개의 작은 정사각형만 남게 만들어라.

(C) 성냥을 4개, 6개, 8개를 빼서 5개의 단위 정사각형을 만들어라.

(D) 성냥 8개를 빼서 4개의 단위 정사각형만 남겨라(답은 두 가지다).

(E) 성냥 6개를 빼서 3개의 정사각형만 남겨라.

(F) 성냥 8개를 빼서 2개의 정사각형만 남겨라(답은 두 가지다).

(G) 성냥 8개를 빼서 3개의 정사각형만 남겨라.

(H) 성냥 6개를 빼서 2개의 정사각형과 2개의 똑같은 비정형 육각형만 남겨라.

교차시켜도 된다

성냥 9개로 정사각형 6개를 만들어라(성냥이 교차해도 된다).

성냥 달팽이집

성냥 35개로 그림처럼 달팽이집 형태의 나선을 만들었다. 성냥 4개를 옮겨서 3개의 정사각형을 만들어보자.

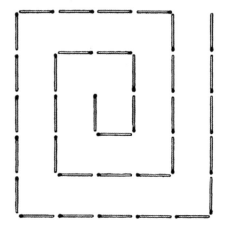

2개를 빼고 3개를 남겨라

그림은 성냥 8개로 만든 14개의 정사각형이다. 성냥 2개를 빼서 3개의 정사각형만 남겨라.

정삼각형을 만들어라

정삼각형을 만드는 데에는 성냥 3개가 필요하다. 성냥 12개로 6개의 단위 정삼각형을 만들어보자. 이 정삼각형에서 성냥 4개를 옮겨서 3개의 정삼각형을 만들어라. 정삼각형의 크기가 달라도 상관없다.

집을 해체하면 정사각형

그림은 성냥 11개로 만든 집의 전면이다. 성냥 2개를 옮겨서 11개의 정사각형을 만들어보자. 또 성냥 4개를 옮겨서 15개의 정사각형도 만들어보자.

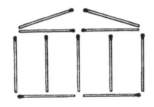

다양한 다각형

성냥 8개로 정사각형 2개와 삼각형 8개, 팔각별 1개를 만들어라. 성냥이 교차해도 괜찮다.

성냥을 어떻게 빼야 할까

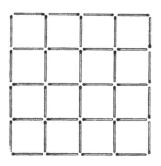

이 그림에 16개의 단위 정사각형을 포함해 모두 몇 개의 정사각형이 있을까? 어떤 크기든 정사각형을 하나도 남겨두지 않으려면 성냥을 어떻게 빼야 할까?

마룻바닥

5cm 길이의 성냥으로 만들어진, 한 변이 5cm인 정사각형을 모아 넓이 1m²의 정사각형을 만들려면 몇 개의 성냥이 필요한가?

울타리를 옮겨라

그림의 울타리에서 성냥 14개를 옮겨 3개의 정사각형을 만들어보자.

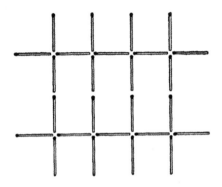

정사각형과 마름모 만들기

성냥 10개로 정사각형 3개를 만들어라. 성냥 1개를 빼고, 나머지 성냥으로 정사각형 1개와 마름모 2개를 만들어라.

화살을 움직여라

다음 그림은 성냥 16개로 만든 화살이다.

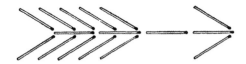

(A) 성냥 8개를 움직여서 8개의 똑같은 정삼각형을 만들어라.

(B) 성냥 7개를 움직여 5개의 똑같은 사각형을 만들어라.

독창적인 답이 가능

성냥 12개로 면적이 단위 정사각형 3개만큼인 다각형을 만들어라(다양한 독창적인 답이 가능하다).

정원 설계하기

성냥 16개로 집(성냥 4개로 된 정사각형)과 정원을 둘러싼 울타리 모양의 정사각형을 만들었다. 성냥을 10개 더 사용해서 정원을 똑같은 크기와 모양의 도형 5개로 나누어보라.

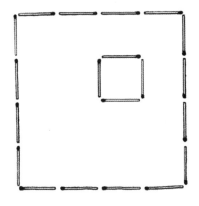

동일한 면적의 조각

성냥 16개로 된 정사각형에 성냥 11개를 더해 같은 면적의 조각 4개로 나누어보자. 각 조각은 다른 3개와 닿아 있어야 한다.

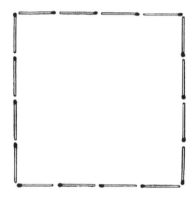

한 번 더 꼬인 트릭 퀴즈3

길이가 2cm인 성냥 13개로 1야드(yard)를 만들어라.

우물이 있는 정원

여기에 성냥 20개로 만든 정원이 있다. 가운데에는 정사각형 우물이다.

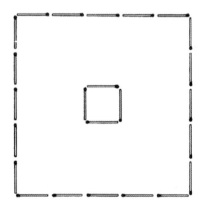

(A) 성냥 18개를 더 사용해서 같은 크기와 모양의 여섯 조각으로 정원을 나누어라.

(B) 원래 모양에 성냥 20개를 더 사용해서 같은 크기와 모양의 여덟 조각으로 정원을 나누어라.

면적이 세 배가 되는 도형

성냥 20개로 직사각형 2개를 만들었다. 하나는 성냥 6개로 만들고, 다른 하나는 성냥 14개로 만들었다.

점선은 첫 번째 직사각형을 2개의 정사각형으로 나누고, 두 번째 직사각형을 6개의 정사각형으로 나눈다. 두 번째 직사각형의 면적은 첫 번째보다 세 배 크다.

20개의 성냥을 7개와 13개로 나눈다. 2개의 다각형(같은 모양이 아니어도 된다)을 만들되, 두 번째 도형의 면적이 첫 번째의 세 배가 되도록 하라(답은 하나 이상일 수 있다).

해자 건너기

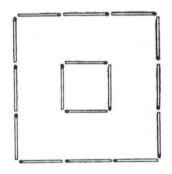

성냥 16개로 깊은 해자에 둘러싸인 성채를 만들었다. 2개의 '널빤지(성냥)'로 해자를 건너 성채로 들어가는 다리를 놓아라.

증명하기

성냥 2개를 나란히 놓아서 직선을 만들어라. 이것이 직선임을 증명하라. 증명을 위해서는 성냥을 더 사용해야 할 수도 있다.

창의력 · 이해력 높이는 조각퍼즐

도형 분리와 재배치

자르고 돌리고 끼워놓고 다시 재배치해보면 새로운 모양이 보인다.

절대 포기하지 말고 다양하게 시도해보자. 공간 지각 능력이 커진다.

똑같은 조각

아래 도형들을 확대 복사한 다음, 문제를 풀어보자.

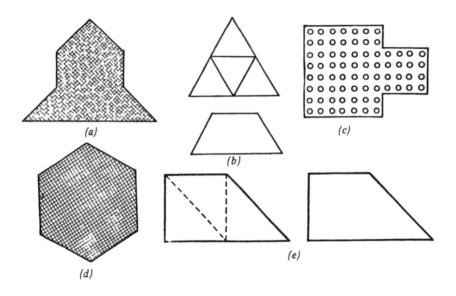

(a)

(b)

(c)

(d)

(e)

(A) 그림 (a)를 크기와 모양이 동일한 4개의 사각형으로 잘라라.

(B) 그림 (b)의 위쪽은 정삼각형을 네 조각으로 자르는 방법을 보여준다. 아래는 맨 위 삼각형 없이 나머지로 만든 사다리꼴이다. 이를 크기와 모양이 동일한 4개의 조각으로 잘라라.

(C) 그림 (c)를 크기와 모양이 동일한 6개의 조각으로 잘라라.

(D) 내각이 모두 같고 변의 길이가 모두 같은 다각형을 정다각형이라고 한다. 그림 (d)의 정육각형을 크기와 모양이 동일한 12개의 조각으로 잘라라(해법은 두 가지다).

(E) 크기와 모양이 동일한 직각이등변 삼각형 3개로 이루어진 그림 (e)를 똑같은 사다리꼴 4개로 잘라보라.

해체해서 재배치

아래 그림의 ABCDEF를 2개의 조각으로 자른 후, 서로 잘 맞춰서 정사각형 틀 형태로 만들어보자. 틀의 구멍은 원래 형태에 있던 정사각형 하나와 모양과 크기가 같아야 한다.

사라진 절단선

1부터 4까지의 정수가 4개씩 쓰인 아래의 사각형은 원래 크기와 모양이 똑같은 4개의 조각들이 합쳐진 것이다. 이 조각들은 90° 회전하면 겹쳐지는 대칭적인 형태라 한다.

원래는 각 조각의 경계선을 따라 자르는 선이 있었다. 불행히도 누군가가 절단선을 지워버렸다. 조각마다에 1, 2, 3, 4가 각각 하나씩 들어 있다는 것을 알면 절단선을 다시 그을 수 있을 것이다. 여러 번 시도해보는 것 말고 이 선을 알아낼 좋은 방법이 있을까?

케이크 위의 장미 일곱 송이

케이크를 직선 3개로 잘라 장미가 하나씩 올라간 7개 조각으로
만들어라(단 장미 위를 잘라서는 안 된다).

금속판을 전부 사용할 것

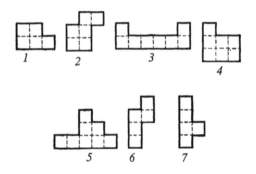

공장에서는 금속판을 곧장 가공 기계로 실어가지 않고, 우선 각 판에 필요한 선과 점을 그리도록 마커에게로 보낸다.

공장에서는 위의 그림과 같은 일곱 가지 형태의 다각형 금속판이 대량으로 필요하다고 한다. 마커는 그중 한 가지 형태의 금속판 6개를 모으면 직사각형이 되는 것을 알아챘다. 어느 판일까?

마커는 또 다음 그림에 있는 6개의 패턴을 한 조각도 허비하지 않고 위의 금속판들로 잘라낼 수 있음을 깨달았다.

I번 패턴에서는 4번 판 3개를 만들 수 있고, II번 패턴에서 7번 판 5개가 나온다. 각 패턴에 절단선을 그려보라. III번 패턴은 3개의 똑같은 크기와 모양의 판으로 나누어진다. IV번 패턴은 4개로, V번 패턴은 6개로, VI번 패턴은 4개로 나누어진다.

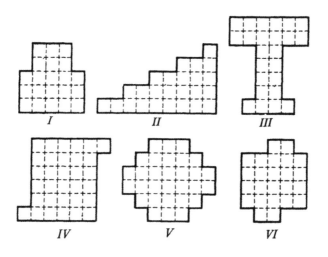

조언이 필요해

이 도형은 어떤 장치의 일부 전개도다. 이를 점 2개와 네모 1개씩이 들어간, 크기와 모양이 똑같은 조각 4개로 잘라보자.

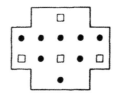

파시스트가 공격했을 때

2차 세계대전 때, 전선 근처의 러시아 도시들에 조명 통제가 있었다. 불을 다 꺼야 하는 시간이 되었는데도 바샤의 부모님은 120×120 단위 크기의 창문을 덮을 가리개를 찾을 수가 없었다. 있는 거라고는 사각형 합판 한 장뿐으로 넓이는 창문과 같았지만 크기는 90×160이었다.

바샤는 자를 가져와서 재빨리 합판 위에 여러 개의 선을 그었다. 그리고 선을 따라 판을 두 조각으로 잘랐다. 이 조각으로 그는 창문을 덮는 사각판을 만들 수 있었다. 어떻게 했을까?

전기수리공의 추억

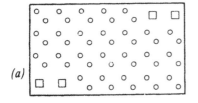
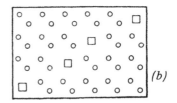

(a)

(b)

모든 아파트나 공장에는 퓨즈반이 있다. 퓨즈반은 대체로 직사각형이나 정사각형이지만, 2차 세계대전 기간에는 절약을 해야 해서 전기수리공들이 가끔 변칙적인 형태를 사용했다.

한 번은 원형과 정사각형 구멍이 뚫린 커다란 퓨즈반 2개를 보게 되었다. 우리는 이 퓨즈반을 8개의 작은 판으로 잘라야 했다. 우리 부대의 대장은 첫 번째 판 (a)를 크기와 모양이 똑같은 4개의 판으로 잘랐는데, 각각에 정사각형 구멍 1개와 원형 구멍 12개가 들어갔다. 두 번째 판 (b)도 크기와 모양이 똑같은 4개의 판으로 잘렸는데, 각각에 정사각형 구멍 1개와 원형 구멍 10개가 포함되었다.

대장은 판을 어떻게 잘랐을까?

낭비하지 말 것

"이 나무판으로 한 번만 잘라서 버리는 부분 없이 체스판을 만들 수 있을까?"

나는 스스로에게 물어보았다.

판에 선을 그려 64개의 똑같은 정사각형을 만들자, 튀어나온 부분은 각각 정사각형 2개가 되었다. 체스판으로 짜맞출, 크기와 모양이 똑같은 2개의 조각으로 자르기 위한 선을 찾아 그려보자.

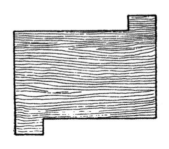

말발굽 자르는 법

직선 2개로 말발굽을 어떻게 여섯 조각으로 자를 수 있을까? 이 문제에서는 첫 번째로 자른 다음, 조각을 재배치할 수 없다.

두 번 잘라 구멍을 나눠라

아래 그림의 말발굽에는 못을 박을 구멍이 6개 있다. 2개의 직선으로 잘라서 각각 구멍이 하나씩 있는 조각 6개로 만들 수 있을까?

물병으로 정사각형 만들기

아래 물병을 확대 복사하고 실선 모양대로 오려낸다. 그다음
직선 2개로 세 조각으로 자르고, 그 조각들을 이용해서 정사각형
을 만들어라.

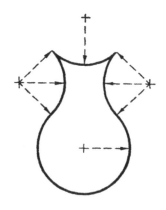

글자 E로 만든 정사각형

이번에도 정사각형 만들기 문제다. 글자 E를 닮은 다음 도형을 확대 복사하고 실선 모양대로 오려낸다. 이를 직선 4개를 이용해 일곱 조각으로 자른 다음, 그 조각들을 적당한 위치에 재배치해서 정사각형을 만들어라.

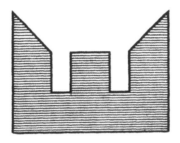

팔각형의 변신

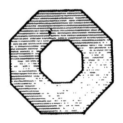

위의 팔각형을 확대 복사하고 실선 모양대로 잘라낸다. 그다음 크기와 모양이 똑같은 8개의 조각으로 자르고, 그것들로 가운데 팔각형 구멍이 있는 팔각별을 만들어라.

러그 복원하기

오래되었지만 값비싼 러그에서 작은 삼각형 모양의 두 조각(그림에서 빗금 친 부분)이 잘려 나갔다.

예술공예학교 학생들은 러그를 낭비하는 부분 없이 사각형 모양으로 복원하기로 했다. 그들은 이 모자이크 무늬를 여러 개의 직선을 따라 두 조각으로 자르고, 그걸로 새로운 사각형을 만들었다(완성하고 보니 정사각형이었다). 러그의 무늬는 그대로 보존되었다.

어떻게 했을까?

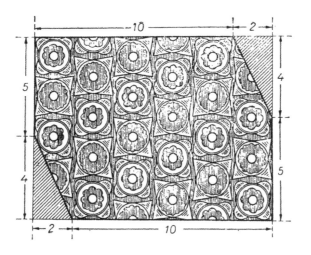

소중한 포상

눌랴 사라제바는 청소년 시절에 집단농장에 면을 따는 개량법을 제일 먼저 도입한 공로로 아름다운 투르크멘 러그를 포상으로 받았다.

이제 눌랴는 농학자로 일하고 있다. 연구를 하던 중에 그녀는 러그에 산을 쏟았다. 손상된 부분을 잘라내고 나니 러그의 중간에 1×8피트의 커다란 직사각형 구멍이 생겼다.

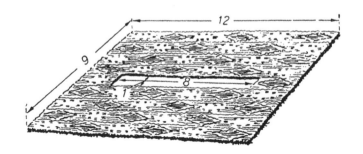

눌랴는 러그를 수선하기로 했다. 여러 개의 직선을 이용해서 그녀는 손상되지 않은 부분의 러그를 두 조각으로 잘라냈고, 이것을 꿰매 붙이자 정사각형 형태가 되었다. 어떻게 했을까?

불가능을 확인하라

열네 조각을 맞춰서 체스판을 만들어야 했던 앞의 문제를 기억하는가? 그 체스 선수가 또 다른 문제를 만들었다. 그는 체스판을 그림 (a) 모양 열다섯 조각과, 그림 (b) 모양 정사각형 한 조각으로 자르고 싶었다. 그러면 총 64개의 정사각형이 되는데, 그는 이를 해내지 못했다.

그처럼 자르는 게 불가능함을 증명해보라. 그다음에 체스판을 (c) 모양 열 조각과 (a) 모양 한 조각으로 어떻게 자를 수 있는지를 알아내라.

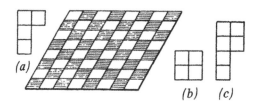

할머니를 위한 선물

한 소녀에게 바둑판 무늬의 정사각형 천이 두 장 있다. 하나는 64칸이고, 다른 하나는 36칸이다. 소녀는 이 둘을 합쳐 10×10 크기의 정사각형 바부시카(스카프)를 만들어 할머니께 드리기로 했다.

흰색과 검은색 칸은 항상 번갈아 있어야 한다. 또한 큰 천의 가장자리 두 면과 한 면의 절반에는 술 장식이 달려 있다(아래 왼쪽 그림 참조).

여러 개의 직선을 이용해서 소녀는 각 천을 두 조각으로 잘라 총 네 조각으로 술 장식이 바깥쪽에 달린 바부시카를 만들었다. 어떻게 했을까(다양한 답이 가능하다)?

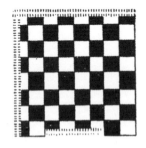 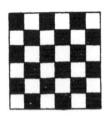

가구 제작자의 문제

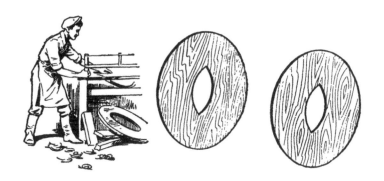

한 가구 제작자가 2개의 타원형 틀을 여러 개의 직선으로 버리는 부분 없이 잘라서 원형 탁자판을 만들려고 한다. 어떻게 해야 할까?

재봉사에게는 수학이 필요해

재봉사가 부등변 삼각형(변의 길이가 모두 다른 삼각형) 모양의 패치를 털가죽에 붙이려 한다. 갑자기 그는 자신이 끔찍한 실수를 저질렀음을 깨달았다. 그 패치는 구멍에 딱 맞았지만, 털이 있는 바깥쪽이 안쪽으로 뒤집혀 들어가 있었던 것이다.

재봉사는 잠깐 생각한 다음, 삼각형 패치를 세 조각으로 잘랐다. 각 조각은 안팎으로 뒤집어도 그 형태가 달라지지 않았다. 어떻게 했을까?

가장 많은 조각 만들기

문제: 원을 직선 6개로 가장 많은 조각이 나오도록 잘라라.

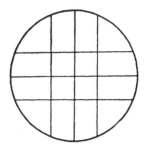

위의 그림은 16개 조각으로 잘린 원을 보여주고 있으나, 이것이 최대는 아니다. n을 직선의 숫자라 할 때, 조각의 최대 개수는 $\frac{1}{2}(n^2+n+2)$개다.

원을 6개의 직선을 이용해 스물두 조각으로 잘라보자. 특히 가능한 한 대칭이 되도록 해보자.

다각형을 정사각형으로

임의의 정사각형 2개를 잘라 더 큰 정사각형 1개를 만드는 게 가능하고 유명한 피타고라스 정리로 큰 사각형의 크기까지 알 수 있다(아래 그림 참조). 하지만 어떻게 잘라야 할까? 피타고라스 이래로 수많은 해법이 발견되었다. 그중 하나를 소개한다.

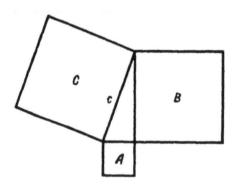

정사각형 2개로 ABCDEF를 만든다(다음 쪽 그림 (a)). FQ=AB 가 되도록 한 후, EQ와 BQ를 따라 자른다. 삼각형 BAQ를 BCP로 옮기고, 삼각형 EFQ를 EDP로 옮긴다. 그러면 정사각형 EQBP에 주어진 2개의 정사각형 조각이 모두 들어가게 된다.

그렇다면 오른쪽의 (b)를 세 조각으로 잘라서 정사각형을 만들 수 있겠는가?

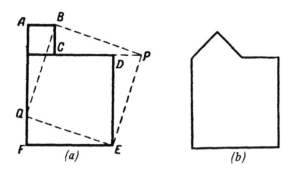

(a)

(b)

4개의 나이트

체스판을 모양과 크기가 똑같은 조각 4개로 잘라보자. 단 각 조각에는 나이트가 하나씩 있어야 한다.

정육각형을 분해하라

다각형을 조각으로 잘라 두 번째 다른 다각형을 만들기 위한 일반적인 방법은 종종 어설프고 불편하다. 하지만 정육각형을 최소 개수의 조각으로 잘라서 정삼각형을 만드는 건 꽤 흥미로워 보인다.

현재까지도 다섯 조각으로 잘라 정삼각형을 만드는 방법은 알려져 있지 않다. 하지만 여섯 조각으로는 가능하다. 당신도 그 방법을 찾을 수 있겠는가?

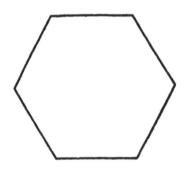

수학이 가져오는
기술과 효용

응용과 디자인

기술 분야에서는 정말 수학이 많이 활용된다.

정교한 기계가 움직이는 원리, 실용적이고 독창적인 디자인

이 모두가 수학에 바탕을 두고 있다는 것을 아는가?

타깃은 어디에 있을까

아래 그림에서 원은 레이더 화면을 보여준다. 레이더국(화면의 0)에서 전파를 보내면, 타깃(예를 들어 배)에 반사된 전파가 다시 레이더국으로 돌아온다. 그러면 그 결과로 물결무늬만 보이던 레이더 화면에 날카로운 스파이크가 나타난다. 계기판에서 스파이크 아래에 있는 숫자가 레이더국에서 타깃까지의 거리로, 단위는 마일로 표시되어 있다. 왼쪽 화면은 A에 있는 해안 레이더국에서 받은 데이터이고, 오른쪽 화면은 B 레이더국의 데이터다.

계기판의 숫자가 75와 90을 가리키고 있으면, 타깃의 위치를 어떻게 알 수 있을까?

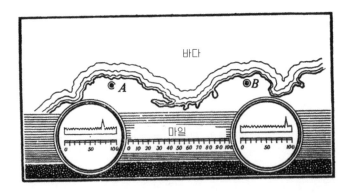

정육면체 속 들여다보기

한 변이 30cm인 나무로 된 정육면체를 생각해보자. 표면은 검은색이지만 안쪽은 검은색이 아니다.

이 정육면체를 한 변이 10cm인 정육면체들로 만들려면 몇 번 잘라야 할까? 또 작은 정육면체는 몇 개 만들어질까? 검은색 면이 4개인 것과 3개인 것, 2개인 것, 1개인 것, 0개인 것은 몇 개 있을까?

두 배가 더 필요해

한 공예가가 나무로 된 정육면체에 글자와 무늬가 그려진 아동용 장난감을 만들고 있다. 하지만 지금 있는 것보다 표면적이 두 배 더 필요해졌다.

정육면체를 추가하지 않고 어떻게 표면적을 늘릴 수 있을까?

두 열차의 만남

각각 차량 80칸이 달린 열차 두 대가 그림같이 옆으로 빠지는 짧은 임시 철로가 딸린 단선 철로를 지나가야 한다. 임시 철로에는 기관차와 차량 40칸만 들어갈 수 있다면 두 기차가 서로 어떻게 지나가야 할까?

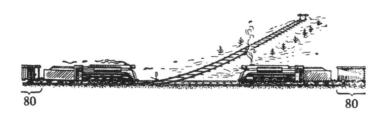

80   80

삼각형 철로를 이용하라

(A) 주선로 AB와 2개의 작은 임시 철로 AD와 BD가 삼각형 모양을 이루고 있다. 기관차가 A에서 B로 갔다가 BD로 다시 돌아와서 AD로 나온다면 AB 철로에서 처음과는 반대방향을 보게 된다.

하지만 기관사가 총 열 번 움직여서 검은색 차량을 BD로 옮기고 하얀색 차량을 AD로 옮긴 다음, 기관차가 AB에서 처음 방향을 보게 만들려면 어떻게 해야 할까? C 너머 막다른 길에는 기관차나 차량 1칸만 들어갈 수 있다. 차량을 붙이거나 떼는 것도 한 번의 이동으로 친다.

(B) AB에서 기관차의 마지막 위치를 반대방향으로 만들어도 된다면, 이 문제를 여섯 번 만에 풀 수 있다. 어떻게 하면 될까?

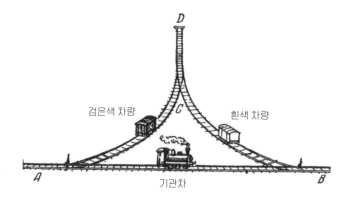

벨트는 다 돌아갈까

바퀴 A, B, C, D가 아래 그림처럼 벨트로 연결되어 있다. 바퀴 A가 화살표처럼 시계방향으로 돌아가기 시작하면 4개의 바퀴가 모두 다 돌게 될까? 만약 그렇다면 각 바퀴는 어느 방향으로 돌까?

모든 벨트가 꼬여 있다면 어떨까? 전부 돌아갈 수 있을까? 1개나 3개의 벨트가 꼬여 있으면 어떨까?

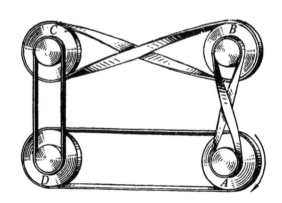

7개의 삼각형

그림과 같이 성냥 3개를 플라스틱 공에 연결해서 정삼각형을 만들었다. 성냥 9개로 이런 삼각형 7개를 만들 수 있을까?

세 번 측정해서 나누기

저울에 10g과 40g의 무게추 2개만 있다. 세 번 무게를 측정해서 1,800g의 옥수수 가루를 400g과 1,400g으로 나누어보자.

화가의 캔버스

어느 별난 화가는 둘레와 면적이 같은 캔버스가 최고의 캔버스라고 주장한다. 캔버스의 크기가 관찰자의 감상과 관계가 있는지 없는지는 나중 문제로 하고, 우선 면적과 둘레가 같기 위해서는 직사각형의 변이 얼마여야 하는지(정수만 가능) 찾아보자.

오르조니키체의 한 여학생은 이런 직사각형이 딱 2개밖에 없다는 사실을 우아하게 증명했다. 독자도 이런 직사각형을 찾고, 그 증명도 할 수 있을까?

100% 절약할 수 있을까

어떤 발명품은 연료를 30% 절약시켜 준다. 두 번째 것은 45%, 세 번째 것은 25%를 절약시킨다. 이 세 발명품을 한꺼번에 사용하면 100% 절약할 수 있을까? 아니라면 얼마나 절약 가능할까?

병의 무게는 얼마일까

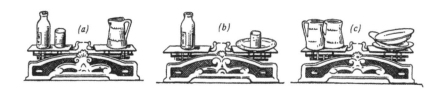

　왼쪽 접시의 병과 컵은 오른쪽 접시의 물주전자와 평형을 이룬다(그림 (a)). 병은 컵과 그릇과 평형을 이루고(그림 (b)), 그릇 3개는 물주전자 2개와 평형을 이룬다(그림 (c)).

　컵 몇 개가 병 하나와 평형을 이룰까?

산탄을 채운 물병

관개수로 건설자들에게 특정 크기의 납판이 필요했다. 하지만 갖고 있는 납이 없었다. 건설자들은 산탄 몇 개를 녹이기로 했다. 하지만 부피를 어떻게 미리 알 수 있을까?

한 명이 탄환의 크기를 잰 다음, 구의 부피를 구하는 공식을 사용하고, 거기에 탄환 개수를 곱하자고 제안했다. 하지만 이렇게 하면 시간이 너무 오래 걸리고, 탄환의 크기도 제각각 달랐다.

또 다른 사람이 모든 탄환의 무게를 잰 다음, 납의 밀도로 나누자고 제안했다. 불행히 아무도 밀도가 얼마인지 기억하지 못했고, 현장에는 참고자료가 전혀 없었다.

또 다른 사람이 탄환을 전부 1리터 물병에 넣었다. 하지만 물병의 부피가 탄환의 부피보다 좀 더 컸다. 탄환들이 물병을 꽉 채우지 못하고 어느 정도 비었기 때문이다.

좋은 방법이 있을까?

중사는 어디로

한 중사가 방위각(남북을 축으로 했을 때, 북쪽 축에서부터 주어진 점의 방향이 이루는 각 – 편집자) 330°를 따라 점 M에서 출발했다. 작은 언덕에 도착해서 그는 방위각 30°로 걸어가다가 나무에 도착했다. 여기서 오른쪽으로 60°만큼 돌았다. 다리에 도착해서 그는 방위각 150°를 따라 강 옆을 따라 걸었다. 30분 후에 그는 방앗간에 도착했다. 그는 다시 방향을 바꾸어 방위각 210°를 따라 갔다. 그의 목표는 방앗간 주인의 집이었다. 집에 도착해서 그는 다시 오른쪽으로 돌아서 방위각 270°를 따라가서 여정을 마쳤다.

각도기를 사용해서 중사가 간 길을 깔끔하게 그리고, 그가 어디에 도착했는지 찾아보자. 그는 각 방위각마다 $2\frac{1}{2}$km씩 걸었다.

측정기 없이 측정하기

(A) 기술학교에서 우리는 선반기와 기계의 제작을 배운다. 또 여러 기기를 사용하는 방법과, 곤란한 상황에서도 해결책을 찾는 법을 배운다. 물론 우리가 고등학교 때 배운 지식도 도움이 된다.

선생님이 나에게 전선을 주고서 물었다.

"전선의 지름을 어떻게 측정하겠니?"

"측미계(물체의 지름이나 두께 등을 정밀하게 측정하는 기구 – 편집자)로요."

"만약 측미계가 없으면?"

조금 생각해본 다음 나는 답을 찾았다. 무엇이었을까?

(B) 다른 날, 나는 지붕용 얇은 주석판에 구멍을 뚫으라는 과제를 받았다.

"드릴과 끌을 가져올게요."

나는 선생님께 말했다.

"너한테 망치와 납작 줄칼이 있는 거 봤다. 그걸로 할 수 있어."

어떻게 했을까?

디자인의 독창성

(A) 3개의 고리를 연결해서 어떤 고리를 잘라도 사슬 전체가 망가지게 만들어보자. 아래 그림처럼 평범한 고리에서는 가운데 사슬을 잘랐을 때만 사슬이 망가진다. 좌나 우의 것을 자르면 2개의 고리는 연결된 사슬로 남는다.

(B) 5개의 고리를 연결해서, 특정한 1개의 고리를 잘랐을 때에만 사슬 전체가 망가지게 만들어보자.

(C) 5개의 고리를 연결해서 어떤 고리를 잘라도 사슬 전체가 망가지게 만들어보자.

정육면체 자르기

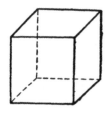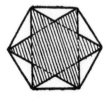

(A) 정육면체를 잘라서 정오각형 면을 만들 수 있을까?

(B) 정삼각형은 어떨까? 정육각형은?

(C) 육각형 이상의 정다각형은 어떨까?

스프링 저울

어떤 덩어리의 무게가 15kg 이상 20kg 미만이다. 최대 5kg까지 잴 수 있는 조그만 스프링 저울을 여러 개 사용해서 정확한 무게를 측정할 수 있을까?

원의 중심 찾기

제도용 삼각자와 연필만 써서 왼쪽 원의 중심을 찾아보라.

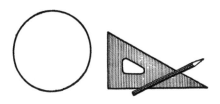

공의 기하학

크로케 볼 하나와 종이 한 장, 컴퍼스, 눈금 없는 자, 연필로 종이 위에 공의 지름과 같은 길이의 선을 그려보라.

어떤 상자가 더 무거울까

정육면체 상자에 크기와 모양이 똑같은 커다란 공 27개가 들어 있다. 똑같은 다른 상자에는 크기와 모양이 같지만 좀 더 작은 공이 64개 들어 있다. 두 종류의 공은 같은 재질로 만들어졌다.

두 상자 모두 윗부분까지 꽉 차 있다. 각 상자에서 각 층에는 같은 개수의 공이 들어가 있으며, 각 층의 바깥쪽 공들은 상자 벽과 닿아 있다. 어떤 상자가 더 무거울까?

다른 크기로도 해보고 일반적인 결론을 유도하라.

장식장 제작자의 예술

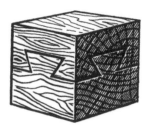

공장학교의 장식장 견습생들의 작품 전시회에서 우리는 요철이 딱 맞게 맞물려 고정된, 두 조각으로 이루어진 훌륭한 목제 정육면체를 보았다. 조각은 접착제로 붙이지 않아서 쉽게 뗄 수 있을 것처럼 보였다. 우리는 이를 위아래로, 좌우로, 그리고 앞뒤로도 당겨보았지만 떼어낼 수가 없었다.

이 정육면체의 조각은 어떻게 분리해야 할까? 또 분리하면 어떤 모양일지 짐작할 수 있겠는가?

목재 빔 정육면체

가로, 세로, 높이가 각각 8, 8, 27cm인 목재 빔(직육면체)을 네 조각으로 자른 후 이를 끼워 맞춰 정육면체를 만들려고 한다.

물론 우선 선부터 그은 다음에 잘라야 할 것이다. 선을 어떻게 그려야 할까?

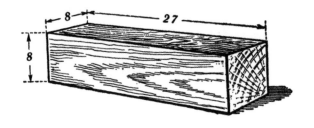

병의 부피

액체가 일부만 들어 있는 병의 바닥이 평평한 원형이나 정사각형, 직사각형일 경우에, 자만 이용해서 병의 부피를 알아낼 수 있을까? 액체를 더 붓거나 버려서는 안 된다.

통나무의 지름

한 합판의 크기가 45×45cm다. 이 합판을 만든 원래 통나무의 지름은 대략 얼마였을까? 원주를 c라고 할 때 원의 지름 d는 c/π 이지만 착각해서는 안 된다. 통나무의 지름은 45/π가 아니다.

캘리퍼스의 어려움

1918년 러시아 내전 때 붉은 군대의 대장이었던 바실리 차파예프는 자기 부대의 승전이 운이 좋았던 덕분이 아니냐는 질문을 받았다. 차파예프는 이렇게 대답했다.

"아니, 그렇지 않소. 머리를 써야 하고 독창성도 발휘해야 가능한 일이오."

실제로 운을 성공의 바탕으로 삼기는 어렵다. 일을 할 때든 체스를 둘 때든 우리는 가망성이 없어 보이는 상황과 맞닥뜨리곤 하는데, 그 순간에는 투지와 독창성이 우리를 구해준다.

어떤 학생이 아래와 같이 좌우 면이 움푹 들어가 있는 원통형 기계 부품을 그려야 한다. 하지만 학생에게는 깊이 측정기가 없었고, 있는 건 오로지 캘리퍼스(직경 측정기, 컴퍼스와 비슷한 옛날 캘리퍼스에는 눈금이 없어서 바깥쪽에 벌려서 대고 폭을 고정시킨 다음 그 상태 그대로 빼내서 자로 길이를 재야 했다.─편집자)와 줄자뿐이었다. 문제는 양쪽 움푹한 부분 사이에 캘리퍼스 다리를 하나씩 넣어 길이를 측정할 수는 있지만, 캘리퍼스의 벌어진 간격을 줄자로 재려면 부품에서 분리해야 한다는 것이다. 하지만 캘리퍼스를 빼내려면 캘리퍼스의 다리를 벌려야 하는데 그러면 측정한 것도 사라지게 된다. 그는 어떻게 했을까?

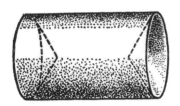

정다각형 슬라이드

n = 5부터 10까지 어떤 정n각형이든 만들 수 있는 간단한 메커니즘을 찾아보자.

이 메커니즘은 우선 움직일 수 있는 막대들을 이용해서 크기와 모양이 똑같은 평행사변형 ABFG와 BCHK(첫 번째 그림)를 만들어야 한다. 막대 DE를 각각 AG와 BK 위를 자유롭게 움직일 수 있는 슬라이더 D와 E에 고정시킨다. AB = BC = CD = DE다. DE가 움직여도 평행사변형들은 아무런 영향을 받지 않고, 사다리꼴 ABCD와 BCDE는 여전히 서로 합동이다. 이는 4개의 변 AB, BC, CD, DE로 이루어지는 n각형의 3개의 각이 모두 동일하다는 사실을 보장한다.

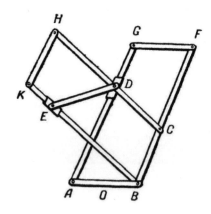

n = 5부터 10까지의 정n각형을 만드는 방법은 이 특성을 바탕으로 한다(아래 그림 a부터 f까지).

a: ∠DOB = $90°$ 이면 오각형

b: ∠EAB = $90°$ 이면 육각형

c: ∠EOB = $90°$ 이면 칠각형

d: ∠EBA = $90°$ 이면 팔각형

e: ∠EAB = $60°$ 이면 구각형

f: ∠DAB = $36°$ 이면 십각형

처음 4개를 만들기 위해서 직각으로 Y_1OX, Y_2AX, Y_3OX, Y_4BX를 만든다.

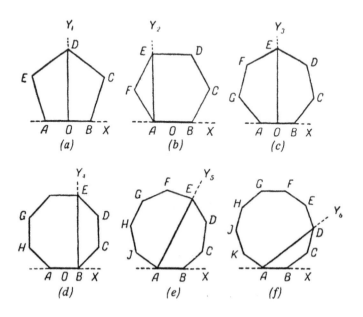

막대 AB를 직선 AB 위에 놓고 O 위에 O, A 위에 A, B 위에 B(그림 a~d)가 각각 정확히 겹치도록 한다. 막대 AB를 종이 위에 놔둔 채로 나머지 막대들을 움직여서 D가 직선 OY_1 위에(오각형), 또는 E가 AY_2 위에(육각형), E가 OY_3 위에(칠각형), E가 BY_4 위에(팔각형) 오도록 한다.

N=9나 10일 때 정n각형을 그리려면 우선 $\angle Y_5AX = 60°$ 이고 $\angle Y_6AX = 36°$ 가 되도록 직선 AY_5와 AY_6를 만들어야 한다. 그다음에 막대 AB를 직선 AB 위에 놓고 A와 A가 겹치게 만든다. 막대 AB를 종이 위에 놔둔 채 나머지 막대들을 움직여서 E가 AY_5 위에(구각형), 또는 D가 AY_6 위에(십각형) 오도록 한다. 이렇게 하면 원하는 n각형의 4개의 변(과 5개의 꼭짓점)을 줄줄이 얻을 수 있다. n각형의 변 4개를 그리고 나면, 패턴을 뒤집어서 나머지를 완성하는 것은 어렵지 않다.

당신이 만든 각 n각형의 변의 길이는 막대 AB의 길이와 같을 것이다. 이론상으로는 이런 작성 방법이 정확하지만, 현실적으로 그 정확도는 당신이 만든 장치의 정교함에 달려 있다.

과제: 직선자와 컴퍼스만 있으면 어떤 각이든 반으로 나눌 수 있다. 이 도구들과 슬라이드식 방법을 이용해서 1°를 만들 수 있을까?

더 큰 다각형

건설 노동자들이 조립식 부품으로 집을 지을 수 있는 것처럼, 우리도 작은 다각형을 조립해서 더 큰 다각형을 만들 수 있다.

이 문제에서 우리는 작은 다각형을 사용해서 같은 형태의 더 큰 다각형을 만들려고 한다.

첫 번째 그림의 정사각형과 정삼각형에서 볼 수 있듯이 단순한 정다각형의 경우에는 쉽다. (삼각형을 회전만 시켰음에 주목하라. 구부리거나 잘라서는 안 된다.)

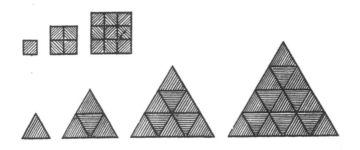

다음 그림의 (a), (b), (c) 같은 비정형 다각형 역시 같은 모양의 더 큰 다각형을 만드는 재료로 쓸 수 있다.

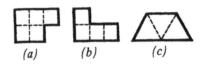

(a)　　　(b)　　　(c)

4개의 작은 (a)와 4개의 작은 (b)로 큰 (a)와 큰 (b)를 만드는 해법이 아래에 나와 있다. 마찬가지로 16개의 작은 (c)로 큰 (c)를 만들었다.

일반적으로 큰 다각형은 단위 다각형 길이의 2, 3, 4, 5… 배이므로, 면적은 단위 다각형 면적의 4, 9, 16, 25… 배가 된다. 그러므로 같은 모양의 커다란 다각형을 만드는 데 필요한 단위 다각형의 최소 개수는 항상 제곱수다. 그러나 이 수의 크기는 예측할수 없다. 가끔은 큰 다각형을 만들 수 없을 때도 있다.

다음을 재료로 각각 같은 모양의 더 큰 다각형을 만들어라.

1. (a) 9개로 / 2. (b) 9개로 / 3. (c) 4개로 / 4. (b) 16개로 /
5. (c) 9개로

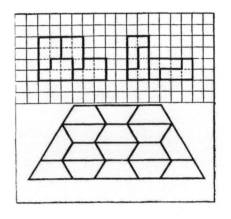

두 단계로 만드는 다각형

이 문제에서는 단위 다각형으로 큰 다각형을 만드는 효과적인
방법을 살펴볼 것이다. 꼭 단위 다각형을 최소 개수로 사용할 필
요는 없다.

아래 그림에 P로 표시된 단위 다각형을 각각 이용해서 큰 다각
형을 만들려고 한다. 첫 번째 단계는 정사각형을 만드는 것이다
(그림에서처럼 각각 4개씩이 필요하다).

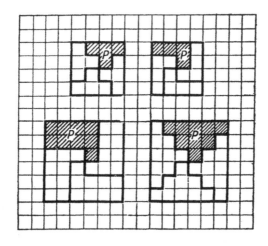

하지만 단위 다각형 P 자체가 여러 개의 정사각형들로 이루어
져 있다. 그다음으로 두 번째 단계는 우리가 방금 만든 큰 정사각

형을 조립해서 큰 P를 만드는 것이다(여기에 정사각형 4개씩이 필요하니까 P가 각각 16개씩 필요하다).

비슷하게(첫 번째 그림의 아래쪽) 큰 P는 두 단계를 거쳐 단위 P 36개로 만들어질 수 있다(정사각형을 만드는 데 단위 P 4개가 필요하고, 큰 P를 만드는 데 정사각형 9개가 필요하다).

아래 그림에서 큰 P는 단위 P 36개로 만들 수 있다(정삼각형을 만드는 데 단위 P 3개가 필요하고, 큰 P를 만드는 데 정삼각형 12개가 필요하다).

이런 두 단계 방법으로 큰 다각형을 만들 수 있는 다른 단위 다각형을 찾아보라.

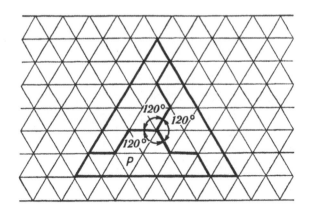

6장

수리력 높이는
도미노와
주사위 퍼즐

수학 마술놀이

· ·

숫자 도미노와 주사위로 하는 마술 같은 계산법은
보는 이의 탄성을 자아낸다.
처음에는 조금 어렵지만 잘 익혀두면 친구들 앞에서 뽐낼 장기가 된다.

도미노

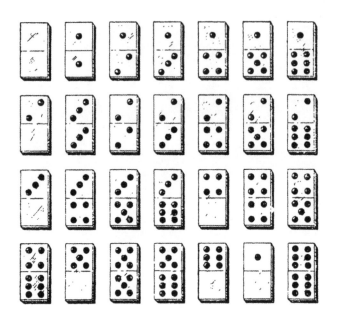

도미노 한 세트는 대체로 직사각형 타일 28개로 이루어진다. 각각의 타일에는 2개의 정사각형 칸이 붙어 있고, 각 칸에는 0, 1, 2, 3, 4, 5, 6을 나타내는 점들이 표시되어 있다. 가능한 모든 조합이 타일에 나타나 있으며, 타일의 값은 두 칸 숫자의 총합이다. 두 칸의 숫자가 같으면, 그 타일을 더블릿이라고 한다.

도미노 게임의 기본 규칙은 타일들로 이루어진 줄에 새로운 타일을 더할 때, 당신이 더하려는 타일 한 칸의 숫자가 타일의 줄 한쪽 끝에 있는 타일 칸의 숫자와 같아야 한다는 것이다.

도미노 세트나 마분지로 만든 모형을 갖고 이어지는 흥미로운 문제들을 재밌게 풀어보자.

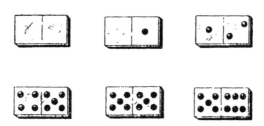

점은 몇 개인가

28개의 타일 전부를 가로 연속으로 놓고 보니(인접한 두 타일에서 맞닿아 있는 쪽의 숫자는 서로 같아야 한다) 한쪽 끝의 점의 개수가 5라면 반대쪽 끝에는 몇 개의 점이 있을까?

머릿속으로 풀고, 실제 도미노로 확인해보라.

마지막에 오는 도미노

더블릿이 아닌 타일 하나를 숨기고, 친구에게 모든 도미노를 사용해서 도미노 열을 만들라고 해보자(물론 도미노 하나가 없다는 이야기는 하지 않는다). 그러면 제일 끝에 어떤 숫자가 올지 예측할 수 있다. 설명해보자.

친구 놀래켜주기

25개의 타일을 세로 일렬로 엎어놓는다. 당신은 잠시 방을 나가 있고, 다른 사람이 오른쪽 끝의 타일부터 최대 12개까지 원하는 만큼의 타일을 왼쪽 끝으로 옮긴다. 그다음에 당신이 들어와서 타일 하나를 뒤집는다. 그 값이 뒤바뀐 타일의 개수다.

비결은 배열에 있다. 당신은 아래 그림대로 왼쪽에 13개의 타일을 놓았고, 그 오른쪽에는 12개의 타일을 무작위로 놓았다(아래에서는 왼쪽 그림만 보여준다). 당신이 돌아와서 뒤집는 타일은 한가운데 있던 것(열세 번째)이었다. 이유를 설명하라.

게임에서 이기기

가끔 도미노 게임의 결과가 미리 정해지는 경우가 있다. A, C 가 B, D와 게임하고 있고, 각 참가자들은 7개의 타일을 갖고 시 작한다고 해보자.

A의 타일: 0-1 0-4 0-5 0-6 1-1 1-2 1-3
D의 타일: 0-0 0-2 0-3 1-4 1-5 1-6 (다른 타일 하나)

A가 1-1로 게임을 시작한다. B와 C는 건너뛴다. A와 D가 1이 들어간 모든 타일을 갖고 있기 때문이다. D는 1-4, 1-5, 1-6을 낼 수 있고, A는 각각 4-0, 5-0, 6-0으로 대응 가능하다. 다시금 B와 C는 건너뛴다. 그들에게는 0이 들어간 타일도 없기 때문이다. 사실 그들은 계속 건너뛰어야 한다. A와 D가 다음 차례에 맞춰야 하는 수를 0과 1만 내놓기 때문이다.

D가 무엇을 내든 A가 그에 대응해서 승리할 것이 확실하다. 결국에 D는 일곱 번째 타일(0이나 1이 없다)에서 막히기 때문이다.

게임이 교착상태가 되면(아무에게도 더 게임할 수 있는 타일이 없으면), 승리는 남은 타일 값의 총합이 가장 작은 팀에게로 돌아간다.

A와 C가 B, D와 새 게임을 한다고 해보자. 각 선수에게는 타

일이 6개씩 있고, 4개의 타일은 엎어놓고 사용하지 않는다.

A의 타일: 2-4 1-4 0-4 2-3 1-3 1-5

그의 파트너 C는 5개의 더블릿을 갖고 있다. D는 2개의 더블릿을 갖고 있고, C와 D 타일의 총합은 59다.

A가 2-4로 게임을 시작한다. B는 건너뛴다. C는 타일을 낸다. D는 건너뛴다. A가 타일을 낸다. B는 건너뛴다. C가 타일을 내고, 게임은 교착상태가 된다. B와 D는 타일을 내지도 못하고 패배한다. A와 C는 합쳐서 35점이 남았고, B와 D는 합쳐서 91점이 남았다. 게임에 쓴 타일 4개의 합은 22다.

엎어놓은 타일 4개와 게임에 쓴 타일 4개는 무엇일까?

가운데가 빈 정사각형

(A) 게임의 기본 규칙에 따라 타일을 나열해서 가운데가 빈 정사각형 모양을 만든다. 이때 28개의 타일 전부를 사용한다. 단 정사각형 한 변의 숫자 합이 44여야 한다.

(B) 28개의 타일 전부를 연결해서 그림처럼 가운데가 빈 정사각형 안에 가운데가 빈 정사각형을 하나 더 만들어라. 8개 변 각각의 숫자 합이 같아야 한다.
단 인접한 타일의 숫자가 같아야 할 필요는 없다.

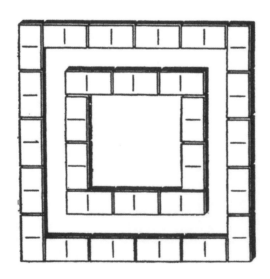

숫자가 같은 창문

그림처럼 4개의 타일로 가운데 빈 공간을 둔 '창문' 모양을 만들 수 있다. 네 변의 총합은 각각 11이다.

28개의 타일로 7개의 서로 다른 창문을 만들어보자. 각 창문에서 각 변의 총합은 같아야 한다(하지만 그 총합이 창문끼리 서로 같을 필요는 없다).

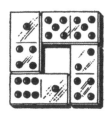

도미노 타일 마방진

　도미노로 창문이나 가운데가 빈 정사각형뿐만 아니라 꽉 찬 정사각형, 심지어는 마방진(가로, 세로, 대각선 숫자의 합이 모두 같은 숫자 배열 - 역자)도 만들 수 있다.

　첫 번째 그림은 3×3 정사각형이다. 위쪽 가로줄은 7+0+5 = 12이고, 두 번째 가로줄은 2+4+6 = 12다. 세 번째 가로줄의 총합 역시 12다. 3개의 세로줄과 2개의 주대각선의 총합도 각각 12다. 이 도미노 타일 마방진은 0부터 8까지의 숫자가 있는 타일로 이루어졌다. 여기서 마법수(마방진에서 한 열의 숫자들의 합 - 편집자)는 12다.

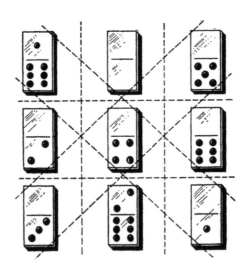

숫자가 1부터 9까지 있는 9개의 타일로는 마법수 15의 마방진을 만들 수 있다.

16개의 타일로는 4×4 마방진을 만들 수 있다(도미노에서는 수의 합이 다른 것이 13개뿐이므로 합 숫자가 반복되어야 한다). 아래 그림은 마법수 18로 만들어진 4×4 마방진이다.

2-6	1-2	1-3	0-3
1-4	0-2	3-6	1-1
0-5	1-5	0-1	0-6
0-0	2-5	0-4	1-6

(A) 아래 9개 타일을 이용해 마법수 21의 마방진을 만들어보라.

(B) 4부터 12까지의 합값을 가지는 타일 9개를 이용해 마방진을 만들어라. 마법수는 얼마일까?

(C) 합값이 1, 2, 3, 3, 4, 4, 5, 5, 6, 6, 7, 7, 8, 8, 9, 10인 타일 16개로 마방진을 만들어라(해법은 일곱 가지가 있다).

(D) 5-5, 5-6, 6-6 타일만 제외하고 모든 타일을 이용해 마법수 27로 5×5 마방진을 만들어라.

구멍이 있는 마방진

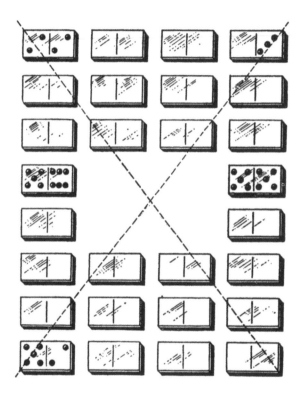

28개 타일을 모두 사용해 그림처럼 가운데가 뚫린 직사각형 배열을 만들어보자. 8개의 가로줄과 8개의 세로줄, 2개의 대각선(점선이 지나는 부분) 각각의 총합은 21이어야 한다. 가로줄의 경우에는 모든 타일을 더하지만, 세로줄의 경우에는 절반의 타일(한 칸)

만 더하고, 대각선의 경우에도 점선이 걸치는, 6개 타일의 절반 (한 칸)만 더한다. 위에서 네 번째 가로줄은 숫자가 표시되어 있다. 그 합은 5+6+5+5=21이다. 4개의 모서리 타일도 채워져 있다(오른쪽 제일 아래 모서리는 텅 빈 0-0 타일이다).

도미노 곱셈

그림의 타일 4개는 3자리 수 551과 4를 곱해서 답이 2,204가 나온다는 것을 보여준다. 28개의 타일을 모두 사용해서 이런 곱셈식을 7개 만들어보라.

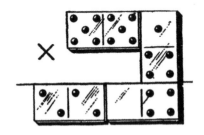

타일 추측하기

친구에게 타일 1개를 머릿속에 떠올리게 한 후, 다음 계산을 시킨다.

1. 타일의 반쪽에 있는 숫자에 2를 곱한다.
2. 당신이 부르는 숫자 m을 더한다.
3. 5를 곱한다.
4. 타일의 반대편 반쪽에 있는 숫자를 더한다.

결과가 나오면 거기서 5m을 뺀다. 답인 두 자리 수가 친구가 고른 타일에 있던 각각의 숫자들이다.

예를 들어 친구가 6-2를 골랐다고 해보자. 그는 6에 2를 곱하고 m = 3을 더해서 15를 얻었을 것이다. 15에 5를 곱하고, 타일의 반대편 반쪽에 있는 2를 더하면 77이 된다. 여기서 5m = 15를 뺀다. 답은 62이다. 즉 6-2다.

왜 이게 항상 맞을까?

주사위

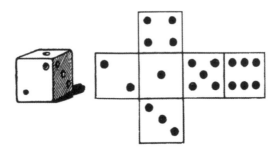

위의 그림은 주사위와 그 '전개도'를 보여준다. 주사위의 눈은 마주 보는 면 한 쌍의 합이 모두 7이 되도록 배치되어 있다.

왜 정육면체가 주사위에 있어서 최적의 형태일까? 첫째로 주사위를 굴릴 때, 각 면이 위로 올라올 가능성이 똑같아야 하기 때문에 정다면체여야 한다. 다섯 가지 정다면체 중에서 정육면체가 가장 적합하다. 만들기도 쉽고, 던졌을 때 잘 굴러가면서도, 지나치게 잘 구르지는 않기 때문이다. 정사면체와 정팔면체(다음의 (a) 와 (b))는 잘 굴러가지 않는다. 십이면체와 이십면체((c)와 (d))는 너무 '둥글어서' 공처럼 굴러간다.

7(마주 보는 면의 합)의 원리가 주사위로 벌이는 수많은 속임수의 핵심이다. 이제 문제를 풀어보자.

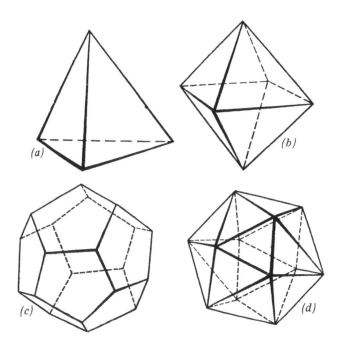

주사위 3개로 하는 속임수

마술사가 등을 돌리고 있는 동안 다른 사람이 주사위 3개를 던진다. 마술사는 자원자를 받아서 주사위 윗면의 눈을 모두 합하게 한 다음, 셋 중 아무 거나 하나를 집어서 방금 전의 총합에 그 주사위 바닥의 숫자를 더하라고 시킨다. 그리고 자원자에게 집어든 주사위를 다시 던지고, 윗면에 나온 눈의 숫자를 다시 더하게 한다. 마술사가 돌아서서 관객들에게 자신은 두 번 던져진 주사위가 뭔지 모른다는 것을 상기시킨다. 그 후 3개의 주사위를 집어들고서 손 안에서 흔든 다음, 관객들로서는 놀랍게도 최종 합을 말한다.

방법: 주사위를 집어 들기 전에 세 주사위의 윗면에 있는 눈의 수에 7을 더한다.

왜 이게 통하는지 원리를 설명해보자.

숨겨진 숫자는 얼마

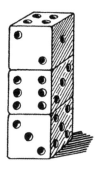

3개의 주사위로 쌓은 탑에서 탑 윗면만 살짝 봐도 2개의 주사위가 서로 맞닿아 있는 4개의 면과 바닥면, 즉 총 5개 면의 합을 알 수 있다. 그림에서 이 합은 17이다.

원리를 설명해보자.

어떤 순서로 배열되었을까

　친구에게 주사위 3개와 종이 한 장, 연필을 준다. 등을 돌린 채 친구에게 주사위를 굴린 다음, 이들을 일렬로 놓아 윗면으로 세 자리 수를 나타내라고 말한다. 예를 들어 그림에서는 주사위가 254를 보여준다. 친구에게 주사위 바닥면에 있는 세 자리 숫자를 앞의 세 자리 수 뒤에 덧붙이라고 하자. 결과물은 이제 여섯 자리 숫자가 될 것이다(여기서의 예는 254,523이 된다). 이 숫자를 111로 나눈 다음 당신에게 그 답을 말하라고 하라. 그러면 당신은 친구에게 주사위 윗면에 있는 3개의 숫자를 말할 수 있을 것이다.

　방법: 친구가 말하는 숫자에서 7을 빼고 9로 나눠라. 우리의 예에서는 254,523÷111=2,293이고, 2,293-7=2,286이 된다. 2,286÷9=254다. 원리를 설명해보자.

숫자 9의 세계

중급 연산

흥미로운 연산 문제들이 숫자 9와 관련이 있다.
구구단 9단을 외우는 특별한 방법이나
9와 관련된 나눗셈의 특성을 알아두면 계산을 더 쉽게 할 수 있다.

어떤 수의 각 자리 숫자의 총합이 9로 나누어지면, 그 수도 9로 나누어진다는 사실 정도는 아마 독자도 알 것이다. 한 예로 354 ×9 = 3,186이고, 3 + 1 + 8 + 6 = 18(9로 나누어진다)이다.

한 소년이 구구단의 9단을 외우지 못하겠다고 불평했다. 소년의 아버지가 아들에게 손가락 기억법을 가르쳐주었다.

양손의 손바닥을 아래쪽으로 놓고, 손가락을 쭉 편다. 그림처럼 왼쪽부터 오른쪽까지 손가락에 1부터 10까지의 숫자를 부여한다. 9×7을 찾기 위해서는 7번 손가락을 든다. 그 왼쪽에는 손가락이 6개 있고, 오른쪽에는 3개 있을 것이다. 그러니까 9×7=63 이다. 이 방법은 9×1, 2, 3, …, 10까지 통한다.

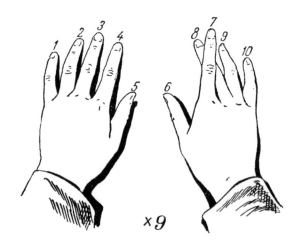

×9

이렇게 손을 계산기로 사용하는 방식은 쉽게 설명 가능하다. 9와 처음 10까지의 곱셈 결과를 살펴보자. 각 자리 숫자를 더하면 항상 9가 되고(들어 올리지 않은 9개의 손가락), 그 첫자리 숫자는 9에 곱한 숫자보다 1만큼 작다(들어 올린 손가락의 왼편에 있는 손가락).

더 많은 특성을 알아보자. 다음의 수들은 항상 9로 나누어진다.

1. 임의의 수와, 그 수의 각 자리 숫자들의 합 간의 차
2. 같은 숫자들로 이루어진 임의의 두 수의 차
3. 각 자리 숫자들의 총합이 같은 두 수의 차

7, 8, 9, 10, …을 9로 나누면 나머지가 7, 8, 0, 1…이 된다. 이를 '9로 나눈 나머지'라고 부르자. 9로 나눈 나머지로 각자 위의 세 가지 명제를 설명해보라. 몇 가지 특성을 더 살펴보면 다음과 같다.

4. 두 수의 합이나 차를 9로 나눈 나머지는, 두 수를 각각 9로 나눈 나머지의 합이나 차를 다시 9로 나눈 나머지와 같다.
5. 두 수의 곱을 9로 나눈 나머지는, 두 수를 각각 9로 나눈 나머지의 곱을 다시 9로 나눈 나머지와 같다.

이와 비슷한 나눗셈의 특성들을 독자 스스로 더 찾아보라.

어떤 숫자를 지웠을까

(A) 친구에게 세 자리 이상의 수를 쓴 다음, 그 수를 9로 나누고 나머지를 말해달라고 하자. 그런 다음 처음 수에서 0이 아닌 다른 숫자 하나를 지우고, 남은 수를 다시 9로 나눈 후 그 나머지를 말해달라고 한다. 그러면 당신은 지워진 숫자를 말할 수 있다.

방법: 두 번째 나머지가 첫 번째보다 작다면, 첫 번째에서 두 번째 나머지를 빼라. 두 번째가 더 크면 첫 번째에 9를 더한 다음, 두 번째 나머지를 빼라. 나머지가 똑같다면 지운 숫자는 9다. 왜 그런지 설명해보라.

(B) 친구에게 여러 자리의 수를 하나 쓰라고 하고, 같은 숫자들로 이루어진 두 번째 수를 쓰라고 한다. 그다음 큰 수에서 작은 수를 빼고, 아무 숫자나 하나 지우고(0 제외), 남은 각 자리 숫자의 총합을 말해달라고 한다. 그러면 당신은 지워진 숫자를 말할 수 있을 것이다. 예를 들면 다음과 같은 수에서

$$
\begin{array}{r}
72,105 \\
-)\ \underline{25,071} \\
47,034
\end{array}
$$

친구가 3을 지웠고, 4＋7＋0＋4＝15였다. 이보다 큰 9의 배수 중 가장 가까운 것은 18이다. 18에서 15를 빼면 지운 숫자가 된다. 어떻게 이렇게 되는 걸까?

(C) 친구가 수를 하나 쓰고(예를 들어 7,146) 0이 아닌 숫자를 하나 지웠다(4를 지워서 716이 남았다). 이 수에서 원래 수의 각 자리 숫자의 합을 뺐다(716 - 18 = 698). 그 결과를 들으면 당신은 지워진 숫자를 말할 수 있다. 어떻게 그렇게 할 수 있을까?

1313의 특성

친구에게 1313을 종이에 쓰게 한다. 여기서 아무 수나 뺀 후 남은 수를 왼쪽에 쓰고, 이어서 오른쪽에 (방금 뺀 수)＋100을 써서 5~7자리의 수를 만들게 한다. 이제 0이 아닌 숫자 하나를 지우고 그 결과를 말하도록 한다. 당신은 지워진 숫자를 바로 말할 수 있다.

1313의 어떤 특성이 이러한 계산을 쉽게 만들어주었을까?

사라진 숫자 추측하기

(A) 1부터 9까지의 숫자 중 8개를 고르고 이를 다음 그림의 원 속에 감추어두었다. 직선 AB 위의 숫자는 각 선에 있는 숫자들의 총합을 보여준다. 내가 고르지 않은 숫자 하나를 찾아내는 두 가지 방법을 제시하라.

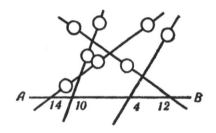

다음 두 그림은 삼각형 (a)나 사각형 (b)의 각 변에 숫자를 쓸 때 동일한 트릭을 어떻게 사용했는지를 보여준다.

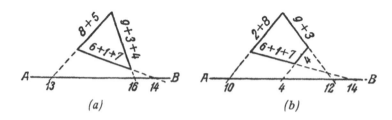

228

(B) 아래 그림은 동일한 트릭을 두 자리 수로 한 것이다. 18개의 감추어진 숫자들 중(여기서 사용된 수는 11, 22, 33, …, 99) 곡선이 17개의 숫자를 직선 AB와 연결시키고 있다. 연결되지 않은 숫자는 무엇일까?

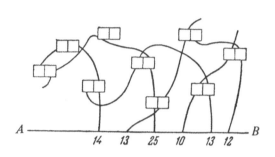

숫자 하나로부터

똑같은 숫자 2개로 만들어진 수(11, 22… 등)를 99와 곱했다. 앞에서 셋째 자리 숫자가 5이면 이 네 자리 수는 무엇일까?

차이로 추측하기

비대칭적인 세 자리 수와, 그 수의 숫자를 역순으로 쓴 수의 차이를 찾는다(예를 들면 621 - 126 = 495). 차이의 마지막 자리 숫자를 알면 나는 앞의 두 숫자도 말해줄 수 있다. 어떻게 이게 가능할까?

3명의 나이

A 나이의 두 자리를 서로 바꾸면 B의 나이가 된다. 두 사람의 나이 차는 C 나이의 두 배이고, B의 나이는 C보다 열 배나 많다. 3명의 나이는 각각 어떻게 될까?

비밀은 무엇일까

우리가 숫자 문제를 주고받는 사이 어떤 손님이 435부터 1,207,941,800,554까지 수많은 수 목록을 적었다.

이 수들은 모두 다음과 같은 특성을 갖고 있다. 각 자리 숫자를 더한 후, 이 총합의 각 자리 숫자를 다시 더한다.

이런 식으로 결과가 한 자리 숫자가 될 때까지 반복하면, 그 수는 원래 수의 한가운데 있던 숫자다. 예를 들어 앞에 소개한 긴 수의 가운데 숫자는 1이다. 각 자리 숫자의 합을 계속 계산하다 보면 46, 10, 결국에 1이 된다. 어떻게 된 일인지 설명하라.

MATHEMATICAL RECREATIONS

해답

1 재미있는 수학퍼즐

1. 관찰력이 좋은 아이들

기관차 굴뚝에서 나오는 연기에 주목하자. 기관차가 서 있다면 연기는 바람이 부는 방향으로 기울어질 것이다. 바람이 불지 않는 상태에서 열차가 앞으로 움직이면, 연기는 열차 진행과 반대방향으로 기울어진다. 그림에서 기관차의 연기는 수직으로 올라간다. 그러므로 열차는 바람이 부는 속도와 똑같은 시속 20km로 달리고 있다.

2. 보석으로 만든 꽃

3. 체커 말 옮기기

다음 그림처럼 왼쪽부터 오른쪽으로 말에 번호를 붙이자. 왼쪽 빈자리로 2번과 3번 말을 옮긴다(그림 I). 이제 새 빈자리에 5번과 6번 말을 옮긴다(그림 II). 다음으로 6번과 4번 말을 왼쪽으로 옮긴다(그림 III).

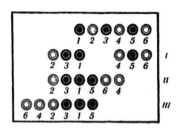

4. 성냥 옮기기

첫 번째 무더기를 두 번째로, 두 번째 무더기를 세 번째로, 세 번째를 첫
번째로 옮긴다.

무더기	처음 개수	첫 번째 이동	두 번째 이동	세 번째 이동
첫 번째	11	$11 - 7 = 4$	4	$4 + 4 = 8$
두 번째	7	$7 + 7 = 14$	$14 - 6 = 8$	8
세 번째	6	6	$6 + 6 = 12$	$12 - 4 = 8$

5. 무엇일까

$1\frac{1}{2}$ 이다.

6. 숨겨진 삼각형은 몇 개

35개 있다.

7. 흥미로운 분수

1/5과 1/7이다. 분자가 1이고 분모가 홀수 $(2n - 1)$인 모든 분수는 분모
의 값을 분자와 분모에 각각 더하면 n배만큼 커진다.

8. 정원사의 길

이렇게 움직인다.

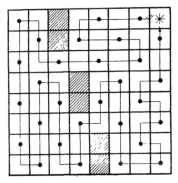

9. 바구니 속의 사과

다섯 번째 소녀에게 사과를 바구니째로 준다.

10. 너무 오래 생각하지 말 것

네 마리다. 각 고양이는 옆 구석의 고양이 꼬리를 깔고 앉아 있다.

11. 엉망진창이 늘어나는 이유

처음에는 노란색 연필에 페인트가 1cm 묻는다. 파란색 연필이 아래로 움직이면서 파란색 연필 몸통에 페인트가 1cm 더 묻는다. 그다음 파란색 연필이 위로 올라오면서 파란색 연필에 나중에 묻은 1cm가 노란색 연필에 두 번째 1cm 페인트를 더 묻힌다.

아래위로 한 번씩 파란색 연필이 움직일 때마다 각 연필에는 1cm씩 페인트가 더 묻는다. 다섯 번 아래위로 움직이면 각 연필에는 페인트가 5cm만큼 더 묻을 것이다. 여기에 최초의 1cm까지 고려하면 각 연필에는 총 6cm의 페인트가 묻는다.

(레오니드 미카일로비치 리바코프는 걸을 때 스치는 부츠의 몸통 전체에 진흙이 묻어 있는 것을 발견했다. "거참 이상하군. 깊은 진흙탕에 들어간 적은 없는데 무릎까지 진흙이 묻었잖아." 이제 이 퍼즐의 탄생 배경을 알게 되었을 것이다.)

12. 강 건너기

우선 두 소년이 강을 건넌다. 1명은 건넌 쪽 강가에 있고 다른 1명이 배를 타고 군인들이 있는 쪽으로 와서 내린다. 이후 군인 1명이 배를 타고 건너간다. 강 건너에 있던 소년이 배를 타고 다시 군인들 쪽으로 와서 다른 소년을 데리고 건너편으로 간다. 다시 한 번 소년 1명이 배를 타고 군인들 쪽으로 와서 내리고, 두 번째 군인이 배를 타고 건너간다… 이런 식으로 모든 군인이 강을 건너면 된다.

13. 늑대, 염소, 양배추

늑대는 양배추를 먹을 수 없으므로 염소부터 태우고 강을 건넌다.

염소를 놔두고 돌아와서 양배추를 배에 싣고 다시 강을 건너간다. 건너편에 양배추를 놔두고 염소를 싣고 돌아온다.

이번에는 염소를 이쪽 편에 놔두고 늑대를 싣고 건너간다. 양배추와 늑대를 건너편에 놔두고 혼자서 돌아온다.

마지막으로 염소를 싣고 강을 건넌다.

14. 굴려서 내보내기

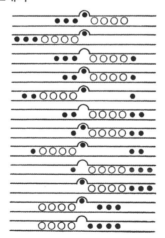

15. 사슬 수리하기

사슬 하나의 고리 3개를 모두 열고(세 번 작업), 이 고리들을 이용해서 다른 4개의 사슬을 서로 연결해 닫는다. 그러면 총 여섯 번의 작업으로 끝난다.

16. 실수 고치기

두 가지 해법이 있다.

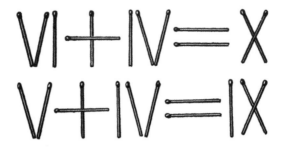

17. 3에서 4(트릭 퀴즈)

18. 3 더하기 2는 8(트릭 퀴즈)

19. 정사각형 3개

20. 물건은 모두 몇 개

일단 36개의 덩어리로 36개의 물건이 만들어진다. 납 부스러기로 총 6개의 덩어리를 더 만들 수 있으므로, 여기서 6개의 물건이 나온다. 하지만 여기서 끝나지 않는다. 새로 생긴 부스러기로 물건 1개를 더 만들 수 있다. 그래서 총 43개가 만들어진다.

21. 깃발 배치하기

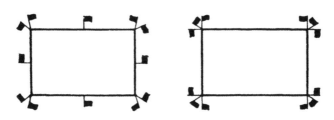

22. 의자 놓기

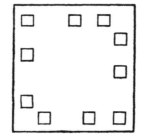

23. 언제나 짝수

두 가지 해법을 보여준다.

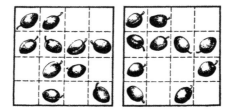

24. 삼각 마방진

17을 만드는 삼각형은 하나, 20을 만드는 삼각형은 2개다.

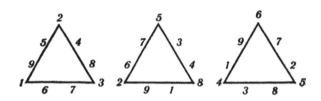

25. 공을 갖고 노는 소녀들

아래의 그림은 13명의 아이들이 5명을 건너뛰어 공을 던지는 경우를 보여준다. 6명을 건너뛰는 경우 방향이 반대가 된다.

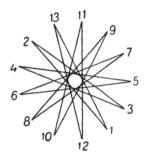

26. 직선 4개

다음 그림이 하나의 해법을 보여준다.

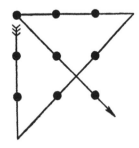

27. 나의 나이

나이 차이는 계속 23세이므로, 아버지의 나이가 나의 두 배라면 나는 23세다.

28. 염소로부터 양배추를 지켜라

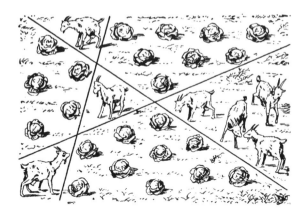

29. 열차 두 대

$100(= 60 + 40)$km다.

30. 밀물이 들어오면(트릭 퀴즈)

물리적 현상에 관한 문제를 풀 때는 숫자만큼이나 현상 자체도 고려해야 한다. 수위가 올라가면 줄사다리 역시 위로 올라간다. 따라서 물은 절대로 사다리를 덮지 못한다.

31. 시계판

시계판의 숫자 총합은 78이다. 직선 2개가 서로를 가로지르게 그리면 4개의 면이 생기지만, 78은 4로 나눌 수 없다. 따라서 두 직선은 만나면 안 되며, 숫자의 총합이 각각 26인 3개의 면을 만들어야 한다. 숫자의 합이 13인 쌍을 찾아내기만 하면(12 + 1, 11 + 2 등) 첫 번째 문제의 답은 쉽게 찾을 수 있다. 두 번째 문제의 답도 같은 방식으로 떠올려보라.

32. 부서진 시계판

10을 나타내는 X가 들어간 숫자인 IX, X, XI가 나란히 있고, 이중 2개가 한 조각을 이루어야 한다. 금이 XI가 아니라 IX를 갈라야만 숫자의 총합이 80이 될 수 있다.

(생각의 전환이 필요하다. 하나의 금을 위의 그림처럼 2개로 나누어 그리면 된다. – 편집자)

33. 불가사의한 시계

제자가 시곗바늘을 헷갈려서 시침을 긴 바늘로, 분침을 짧은 바늘로 만들어놓은 것이다. (즉 긴 바늘이 1시간에 30° 움직이고, 짧은 바늘이 1시간에 시계 한 바퀴를 돌게 된 것이다. – 편집자)

처음에 제자는 시계를 6시에 맞추어놓은 다음, 2시간 10분쯤 후에 고객의 집으로 돌아갔다. 시침(긴 바늘)은 12에서 2를 조금 지나간 자리까지만 움직였고, 분침(짧은 바늘)은 문자판을 두 바퀴 돌고 10분 더 지난 자리에 있었을 것이다. 그래서 시계가 정확한 시간을 보여주었다.

다음날 아침 7시 5분경에 그는 두 번째로 고객의 집에 갔다. 그가 전날 6시에 시계를 맞춘 지 13시간 5분이 지난 다음이었다. 시침 역할을 한 긴 바늘은 13시간을 움직여 1에 가 있었을 것이다. 짧은 바늘은 열세 바퀴를 돌고 5분이 지나서 7에 있었다. 그래서 시계는 제자에게 또다시 정확한 시각을 보여주었던 것이다.

34. 10개의 직선

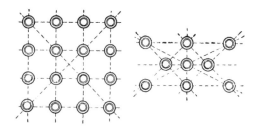

35. 한 줄에 3개씩

총 스무 열이다. 단추가 3개인 열이 여덟 줄(그림 a)이며, 2개인 열이 열두 줄(그림 b)이다.

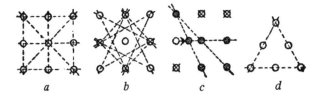

그림 c에서 X 표시는 제거된 단추들이다. 화살표가 보여주는 것처럼 흰색 단추를 약간 오른쪽으로 옮긴다.

6개의 단추를 세 열로 만드는 두 번째 방법은 그림 d와 같다.

36. 동전 배열하기

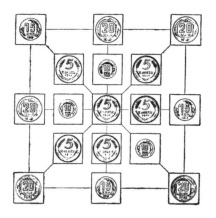

37. 1~19까지

합으로 20을 만드는 숫자 쌍이 9개 있다(1 + 19, 2 + 19 등등). 남은 숫자인 10을 가운데 배치하면 총합이 30이 된다.

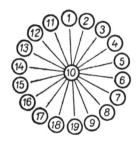

38. 빠르지만 신중하게

(A) 똑같다.

(B) 종이 여섯 번 치는 데에 30초 걸렸으므로 열두 번 치는 데에는 60초가 걸릴 것이다. 이게 일반적인 사고방식이다. 하지만 시계 종이 여섯 번 칠 때, 그사이에 다섯 번의 시간 간격이 있으므로 각 간격은 30÷5＝6(초)다. 자정에 첫 번째부터 열두 번째 종이 칠 때까지 시간 간격은 6초씩 열한 번 있다. 그러므로 열두 번 종이 치는 데에는 66초가 걸린다.

(C) 임의의 세 점은 항상 하나의 평면을 이룬다.

39. 숫자로 가득 찬 가재

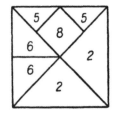

40. 쉬지 않는 파리

문제는 보기보다 단순하다. 자전거 선수들이 만나기까지는 6시간이 걸렸다. 그러니까 파리가 날아간 거리는 6×30＝180(km)다.

41. 책값

2달러다.

42. 뒤집힌 연도

1961년이다.

43. 두 가지 트릭 퀴즈

(A) 4달러가 모자란다. 딸은 86을 거꾸로 본 것이다.

(B) 9를 뒤집고, 8과 바꾼다. 그러면 두 열 모두 합이 18이 된다.

44. '힐끗' 보고 말하기

양쪽 열의 합이 똑같아 보이지 않겠지만 자세히 보자. 숫자 하나하나를 비교해서 9개의 1이 1개의 9와 같다는 것을 확인한다. 또한 8개의 2는 2개의 8과 같다. 이런 방식으로 계속 비교해보자. 총합을 확인하면 두 열의 합은 똑같다.

(이 문제의 풀이 방식에는 두 가지가 있다. 첫 번째는 각각의 수를 더한 값이 같다는 보는 방식이 위 해답이다. 다른 하나는 왼쪽의 수들은 오른쪽에 0이 있다고 보는 것이다. 즉 자릿수를 생각해 왼쪽 가장 아래 1은 사실 1억이라고 보고 더한다. - 편집자)

45. 빠른 덧셈

(A) 첫 번째와 다섯 번째 줄의 수에서 마지막 자리의 숫자끼리 더하면 10이 되고, 다른 자리 숫자들을 각각 더하면 모두 9가 된다. 그러므로 이 두 수를 더한 합은 1,000,000이다.

두 번째와 여섯 번째 수, 세 번째와 일곱 번째 수, 네 번째와 여덟 번째 수를 더한 합도 1,000,000이다. 따라서 8개 수의 총합은 4,000,000이다.

(B) 8개의 숫자를 빠르게 더하려면 9,999×4를 하면 되는데, 이 값은 10,000×4에서 4를 뺀 것과 같다. 그래서 답이 39,996이다.

(C) 48,726,918을 써야 하며, 그 총합은 172,603,293이다. 당신이 쓰는 세 번째 수의 각 자릿수와 두 번째 수의 각 자릿수를 더하면 항상 9가 되어야 한다. 합계는 그저 첫 번째 수에 100,000,000을 더하고 1을 빼면

된다.

46. 어느 손일까

10센트(짝수 동전)가 있는 손

	오른손	왼손
오른손(×3)	홀수 × 짝수 = 짝수	홀수 × 홀수 = 홀수
왼손(×2)	짝수 × 홀수 = 짝수	짝수 × 짝수 = 짝수
	합: 짝수	합: 홀수

이 트릭은 친구에게 3과 2가 아닌 다른 홀수나 짝수 숫자를 곱하라고 해도 여전히 적용된다.

47. 몇 명일까

남자 형제 4명과 여자 형제 3명이다.

48. 같은 숫자로

$22 + 2 + 2 + 2 = 28$ $888 + 88 + 8 + 8 + 8 = 1,000$

49. 100 만들기

$111 - 11 = 100$ $(5 \times 5 \times 5) - (5 \times 5) = 100$

$(5 + 5 + 5 + 5) \times 5 = 100$ $(5 \times 5)\,[5 - (5 \div 5)] = 100$

50. 연산 대결

10개의 숫자를 0으로 바꿔서 1,111을 만드는 방법은 두 가지가 있고, 9개만 0으로 하는 방법은 다섯 가지가 있으며, 8개의 0을 이용하는 방법은 여섯 가지, 7개의 0을 이용하는 방법은 세 가지, 6개의 0을 이용하는 방법은 한 가지, 5개의 0을 이용하는 방법은 한 가지가 있다. 즉 총 열여덟 가지 방법이 존재한다. 5개의 0을 이용하는 방법은 다음과 같다.

$$111 + 333 + 500 + 077 + 090 = 1,111$$

다른 열일곱 가지 방법은 독자 스스로 찾아보자.

51. 20 만들기

짐가방을 쌀 때 우리는 큰 물건부터 작은 물건 순으로 챙긴다. 즉 모든 해답은 작아지는 순서로 가야 한다.

19, 17, 15는 쓸 수 없다. 숫자를 7개나 더 넣을 수가 없기 때문이다. 13은 7개의 1을 넣어서 완성시킬 수 있다.

$$13 + 1 + 1 + 1 + 1 + 1 + 1 + 1 = 20$$

11 다음에 9, 7, 6은 쓸 수 없다. 3으로 해보자.

$$11 + 3 + 1 + 1 + 1 + 1 + 1 + 1 = 20$$

11에서는 이외에 다른 방법은 없다.

이제 9로 해보자. 9 다음에 7을 쓸 수는 없다($9 + 7 = 16$이므로, 6개의 홀수로 4를 만들 수 없기 때문이다). 그러면 5를 넣어서 답을 찾을 수 있다.

$$9 + 5 + 1 + 1 + 1 + 1 + 1 + 1 = 20$$

3을 이용해서 답을 하나 더 찾을 수 있다.

$$9 + 3 + 3 + 1 + 1 + 1 + 1 + 1 = 20$$

같은 방법으로 7개의 다른 답을 찾아보면 다음과 같다.

$$7 + 7 + 1 + 1 + 1 + 1 + 1 + 1 = 20$$
$$7 + 5 + 3 + 1 + 1 + 1 + 1 + 1 = 20$$
$$7 + 3 + 3 + 3 + 1 + 1 + 1 + 1 = 20$$
$$5 + 5 + 5 + 1 + 1 + 1 + 1 + 1 = 20$$
$$5 + 5 + 3 + 3 + 1 + 1 + 1 + 1 = 20$$

$$5+3+3+3+3+1+1+1=20$$
$$3+3+3+3+3+3+1+1=20$$

주의: 여섯 번째 방법에만 4개의 서로 다른 숫자가 포함되어 있다.

52. 길은 몇 개일까

A부터 C까지 가능한 모든 길을 하나씩 다 그려보려 하면 곧 혼란에 빠져버릴 것이다. 너무 복잡하기 때문이다. 다음 그림처럼 모든 교차점에 1a(A)부터 5e(C)까지 번호를 붙여보자.

A에서 AB와 AD 쪽으로 가장 가까운 교차점(2a와 1b)으로 가는 경로는 딱 한 가지씩밖에 없다. 이 두 경로에서 모두 2b로 갈 수 있다(두 가지 경로). 이제 2c 교차점으로 가기 위해서는 2b(두 가지 경로)를 지나가거나, 1c(한 가지 경로. 총 3개의 경로)를 거쳐가는 방법이 있다. 이와 비슷하게 3b로 가는 경로도 세 가지다.

이제는 각 교차점까지 도달하는 경로의 수가 바로 왼쪽과 바로 아래 있는 교차점까지의 경로 개수의 합임을 확실하게 알 것이다. 모든 이동은 위나 오른쪽으로만 가능하기 때문이다.

계속해서 교차점마다 경로의 수를 더해가면, A부터 출발하여 C에 도착하는 경로의 총 개수는 70개가 된다.

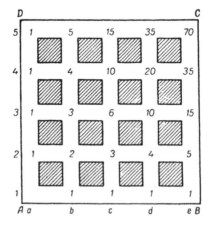

53. 숫자의 순서

예를 들어 원의 어느 한 지름의 양끝에 A와 a를 놓고, 그 옆에 그려진 다른 지름의 양끝에 B와 b를 놓는다고 해보자. 그러면 $A + B = a + b$가 되어야 한다. 즉 $A - a = b - B$이다. 다시 말해서 마주 보는 한 쌍의 숫자의 차가 똑같아야 한다는 뜻이다.

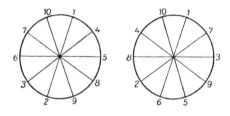

1부터 10까지의 숫자는 다섯 쌍으로 묶을 수 있고, 각 쌍의 숫자 차가 모두 같아야 한다. 이렇게 묶는 방법은 두 숫자 사이의 차가 1인 경우와 5인 경우의 두 가지다.

1 – 2	1 – 6
4 – 3	7 – 2
5 – 6	3 – 8
8 – 7	9 – 4
9 – 10	5 – 10

두 가지 답을 모두 그림으로 그려놓았다. 이에 대한 변형은 마주 보는 숫자의 위치를 바꾸어서 만들 수 있다.

숫자를 전체적으로 옆으로 회전시킨 경우를 제외하려면, 왼쪽 원의 1과 그 맞은편의 2 자리를 고정해놓으면 된다. 이제 두 번째 지름에 (4 – 3) 대신 6 – 5, 또는 8 – 7, 10 – 9를 놓는다. 즉 두 번째 지름에 네 쌍의 숫자를 놓을 수 있는 것이다. 세 번째 지름에는 세 쌍을, 네 번째 지름에는 두 쌍을, 다섯 번째 지름에는 한 쌍의 숫자가 온다. 이렇게 왼쪽 원에서 (기본형을 포함해서) 스물네 가지 변형이 가능하다. 오른쪽 원에서도 마찬가지이므로 가능한 변형은 총 마흔여덟 가지가 된다.

54. 덧셈과 뺄셈 부호

이 문제의 해답도 하나뿐이다.

$$123 - 45 - 67 + 89 = 100$$

55. 다른 행동, 같은 결과
4개의 숫자를 이용할 경우의 답은 딱 하나다.

$$1 + 1 + 2 + 4 = 1 \times 1 \times 2 \times 4$$

5개의 숫자를 이용할 경우에는 3개의 답이 있다.

$$1 + 1 + 1 + 2 + 5 = 1 \times 1 \times 1 \times 2 \times 5$$
$$1 + 1 + 1 + 3 + 3 = 1 \times 1 \times 1 \times 3 \times 3$$
$$1 + 1 + 2 + 2 + 2 = 1 \times 1 \times 2 \times 2 \times 2$$

(6개, 7개, 그 이상 숫자의 경우 더 많은 답을 찾을 수 있을지는 독자 스스로 알아보자.)

56. 99와 100
$$9 + 8 + 7 + 65 + 4 + 3 + 2 + 1 = 99$$
$$9 + 8 + 7 + 6 + 5 + 43 + 21 = 99$$
$$1 + 2 + 34 + 56 + 7 = 100$$
$$1 + 23 + 4 + 5 + 67 = 100$$

57. 조각난 체스판
한 가지 방법은 다음 그림과 같다.

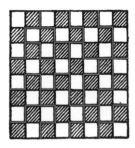

58. 지뢰 찾기

한 가지 방법은 다음 그림과 같다. 1명의 경로는 굵은 직선이고, 다른 1명의 경로는 점선으로 그려놓았다.

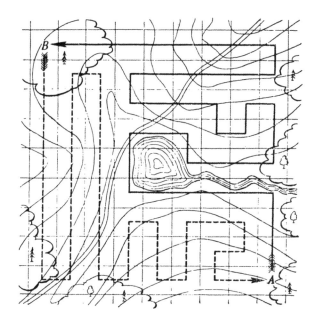

59. 멈춘 시계

집을 떠나기 전에 벽시계를 감아둔다. 집에 돌아와서 시간이 얼마나 흘렀는지를 보면, 내가 친구네 집에 갔다가 돌아올 때까지 걸린 시간을 알 수 있다. 하지만 친구네 집에 얼마나 있었는지는 이미 안다. 친구네 집에 도착했을 때의 시각과 떠날 때의 시각을 친구 시계로 확인했기 때문이다.

친구네 집에 머문 시간을 내가 집을 비운 총 시간에서 빼고, 남은 시간을 2로 나누면 집에 돌아오는 데 걸린 시간을 구할 수 있다. 이 시간을 떠날 때의 친구 시계에서 본 시간에 더하면, 벽시계를 정확하게 맞출 수 있다.

60. 2개씩 묶기

다른 해법은 주어진 방법의 변형이다. 즉 4번을 1번으로 옮기는 게 아니라 7번을 10번으로 보낸다. 바로 주어진 방법을 반대로 하는 것이다.

61. 3개씩 묶기

15개 성냥의 해법은 이렇다. 5번 성냥을 1번으로, 그다음으로는 6-1, 9-3, 10-3, 8-14, 7-14, 4-2, 11-2, 13-15, 12-15로 옮긴다.

62. 당황한 운전자

15,951의 첫 자리는 2시간 동안 바뀌지 않았을 것이다. 그러므로 1이 새로운 회문형 수의 첫 자리와 끝자리에 있을 것이다. 두 번째와 네 번째 자리의 숫자는 6으로 바뀌었을 것이다(자동차는 1시간에 1,000km 이상도 갈 수 없다). 만약 가운데가 0, 1, 2…라면 차는 2시간 동안 110, 210, 310…km만큼 달린 셈이다. 분명 이후 처음 나온 회문 숫자이니 첫 번째가 올바른 답이다. 따라서 차는 2시간 동안 시속 55km로 달렸을 것이다.

63. 침랸스크 발전 설비

9명의 젊은 노동자에게 공장장이 더 만든 9개의 여분의 세트를 나눠주면, 10명이 하루 평균 만드는 양은 15+1=16(세트)가 된다. 그러면 공장장이 만드는 양은 하루에 16+9=25(세트)이므로 모두가 만드는 총량은 (15×9)+25=160(세트)다.

대수학을 아는 사람이라면 미지수 하나를 넣은 방정식을 만들어 문제를 풀어도 된다.

64. 제시간에 곡물 배달하기

시속 60km로 달리면 트럭은 1분에 1km를 간다. 시속 40km라면 1.5분에 1km를 간다. 즉 시속 40km일 때 트럭은 시속 60km일 때보다 1km당 0.5분씩 느린 셈이다. 두 속도에서 2시간, 즉 120분의 차이가 나려면 240km를 달려야 한다. 이것이 콜호스에서 도시까지의 거리다.

제시간에 도착하기 위한 속도가 시속 40km와 시속 60km의 절반인 시속 50km라고 생각할 수도 있지만, 이는 틀린 답이다.

트럭이 시속 60km로 240km를 달리는 데에는 4시간이 걸린다. 이보다 1시간이 더 걸려서 11시에 도착해야 하므로, 여기에 필요한 속도는 240÷5=48km/h(km/h는 시속을 나타내는 단위로, 1시간에 몇 km를 달리는지를 말한다. - 편집자)이다.

65. 다차로 가는 전차

여학생들이 정지해 있는 전차에 앉아 있다면, 두 번째 여학생의 계산이 옳을 것이다. 하지만 그들이 탄 전차는 달리고 있다. 두 번째 전차를 만날 때까지 5분이 걸리지만, 두 번째 전차가 여학생들이 첫 번째 전차를 만난 위치까지 달리려면 5분이 더 걸린다. 즉 전차 사이의 시간 간격은 5분이 아니라 10분인 것이다. 따라서 도시에는 1시간에 여섯 대의 전차가 도착한다.

66. 1~1,000,000,000까지

수들을 쌍으로 묶을 수 있다.

$$999,999,999와\ 0$$
$$999,999,998과\ 1$$
$$999,999,997과\ 2\ 등$$

이런 식으로 5억 개의 쌍을 만들 수 있으며, 각 쌍의 각 자리 숫자들의 합은 81이다. 짝이 없는 수 1,000,000,000의 숫자의 합인 1을 더해주면 답은 다음과 같다.

$$(500,000,000 \times 81) + 1 = 40,500,000,001$$

67. 축구팬의 악몽

탁구공이 벽에 딱 붙어서 굴러다니면 쇠공이 짓누를 수 없다.

기하학을 배운 사람이라면 큰 공의 지름이 작은 공의 지름보다 최소 $5.83(= 3 + 2\sqrt{2}$)배 이상 클 때, 작은 공이 벽에 붙어 있는 한 안전하다는 것을 알 수 있다. 축구공보다 더 큰 쇠공의 지름은 탁구공의 지름보다 5.83배 이상 클 것이다.

68. 내 시계

24시간 동안 시계는 1/2 − 1/3 = 1/6(분)만큼 빨라진다. 5분 더 빨라지려면 5×6 = 30(일)이 걸리므로, 5월 31일 아침이면 시계가 5분 빨라질 것

같다. 하지만 5월 28일 아침에 이미 시계는 $27 \div 6 = 4\frac{1}{2}$(분)만큼 빠르다. 이날이 끝날 무렵에 시계는 1/2분 더 빨라지기 때문에 5분 빨라지는 날은 5월 28일이다.

69. 토스트 세 장
엄마가 프라이팬에 토스트 두 장을 올린다. 30초 후에 두 장 모두 한 면씩 구워졌다. 첫 번째 토스트는 뒤집고, 두 번째 것은 팬에서 뺀다. 그 자리에 세 번째 토스트를 올린다. 다시 30초 후에 첫 번째 토스트는 완성되었고, 나머지 2장은 한 면씩만 구워졌다. 이제 마지막 30초 동안 나머지 두 장의 다른 면들을 마저 익히면 된다.

70. 계단 오르기
$2\frac{1}{2}$배($6 \div 3$이 아니라 $5 \div 2$다).

71. 디지털 퍼즐
소수점이다.

72. 학교 가는 길
기계와 트랙터 정차장에서부터 기차역까지는 $1/3 - 1/4 = 1/12$(전체 거리 중에서)이다. 보리스는 5분 동안 그 길을 걸었으므로 전체 길을 가는 데에는 1시간이 걸린다. 1시간의 1/4은 15분이다. 따라서 그는 집에서 7:15에 나왔고, 학교에 8:15에 도착한다.

73. 경기장에서
12초가 아니다. 첫 번째부터 여덟 번째 깃발까지 사이 구간은 7개 있고, 첫 번째부터 열두 번째까지는 구간이 11개다. 그는 한 구간을 8/7초 걸려 달린다. 그러므로 열한 구간을 가는 데에는 $\frac{88}{7} = 12\frac{4}{7}$(초)가 걸린다.

74. 시간을 절약할 수 있을까
걸어만 갈 때가 시간을 더 절약할 수 있다. 그가 소를 타고 뒤쪽 절반을 가는 데에, 집에 가는 길 전체를 걸어갈 때만큼의 시간이 걸린다. 따라서 열차가 아무리 빨라도 열차에서 보낸 시간만큼을 걸어만 갈 때보다 더 허비하게 되는 것이다. 전체를 걸어가면 1/30만큼의 시간을 절약할 수 있다.

75. 알람시계

$3\frac{1}{2}$시간 동안 알람시계는 14분 느려진다(즉 정확한 시계가 정오를 알릴 때 알람시계는 11시 46분을 가리키고 있다. - 편집자). 알람시계가 정오에 도달하는 순간, 알람시계는 (정확한 정오 시각 때보다) 정확히 1분 더 느려졌을 것이다(이 알람시계는 매 15분마다 1분씩 느려지기 때문이다. - 편집자). 그러므로 시계는 15분 후에 정오를 가리킨다.

76. 작은 조각 대신 큰 조각

그는 7/12 = 1/3 + 1/4임을 알아차렸다. 그래서 금속판 네 장을 1/3짜리 조각 12개로, 세 장은 1/4짜리 조각 12개로 나누었다. 각 노동자들은 1/3과 1/4 조각을 받아서 7/12만큼을 갖게 된다.

다른 분배에서는 다음과 같은 방법을 사용했다.

$$\frac{5}{6} = \frac{1}{2} + \frac{1}{3}, \quad \frac{13}{12} = \frac{1}{3} + \frac{3}{4}, \quad \frac{13}{36} = \frac{1}{4} + \frac{1}{9}, \quad \frac{26}{21} = \frac{2}{3} + \frac{4}{7}$$

77. 비누 한 덩어리

1/4 덩어리가 3/4kg이므로 한 덩어리는 3kg이다.

78. 머리를 써야 하는 연산 문제

(A) 1×1, $\frac{1}{1}$, $\frac{2}{2}$, ⋯, $1 - 0$, $2 - 1$, ⋯, $1°$, $2°$, ⋯, 01 등등 많다.

(B) $37 = \frac{333}{3 \times 3}$, $37 = 3 \times 3 \times 3 + \frac{3}{0.3}$

(C) $99 + \frac{99}{99}$, $55 + 55 - 5 - 5$, $\frac{666 - 66}{6}$ 또는 일반화한 형태로 쓰자면 $\frac{(100a + 10a + a) - (10a + a)}{a}$ (단 a는 임의의 숫자)

(D) $44 + \dfrac{44}{4} = 55$

(E) $9 + \dfrac{99}{9} = 20$

(F)

 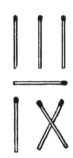

또 다른 답을 찾을 수 있겠는가?

(G) $1 + 3 + 5 + 7 + \dfrac{75}{75} + \dfrac{33}{11} = 20$

(H) $79\dfrac{1}{3} + 5 = 84 + \dfrac{2}{6}$, $75\dfrac{1}{3} + 9 = 84 + \dfrac{2}{6}$

(I) 1과 $\dfrac{1}{2}$, $\dfrac{1}{3}$과 $\dfrac{1}{4}$ 등을 들 수 있다. 이들은 일반적으로 $\dfrac{1}{n-1}$과 $\dfrac{1}{n}$의 형태다(단 (n−1)은 1보다 큰 정수).

또한 x와 $\dfrac{x}{x+1}$도 이러한 조건을 충족한다(이때 x는 양의 정수).

(J) $\dfrac{35}{70} + \dfrac{148}{296}$, $\dfrac{45}{90} + \dfrac{138}{276}$, $\dfrac{15}{30} + \dfrac{486}{972}$, $0.5 + \dfrac{1}{2}(9-8)(7-6)(4-3)$ 등

(K) $78\dfrac{3}{6} + 21\dfrac{45}{90}$, $50\dfrac{1}{2} + 49\dfrac{38}{76}$, $29\dfrac{1}{3} + 70\dfrac{56}{84}$ 등

79. 도미노 분수
가능한 답 중 하나는 다음과 같다.

$$\frac{1}{3}+\frac{6}{1}+\frac{3}{4}+\frac{5}{3}+\frac{5}{4}=10$$

$$\frac{2}{1}+\frac{5}{1}+\frac{2}{6}+\frac{6}{3}+\frac{4}{6}=10$$

$$\frac{4}{1}+\frac{2}{3}+\frac{4}{2}+\frac{5}{2}+\frac{5}{6}=10$$

다른 합도 만들어보라.

80. 미샤의 고양이

고양이 한 마리의 3/4이 미샤의 고양이 수의 1/4과 같다. 그러니까 그는 $4\times\frac{3}{4}=3$마리의 고양이를 키우고 있다.

81. 평균속도

깊게 생각해보지 않으면 12＋4의 절반인 시속 8km라고 대답할 수도 있다. 하지만 전체 여정을 1로 생각하면, 말은 처음 절반은 $\frac{1}{2}\div 12=\frac{1}{24}$(단위시간)을 달렸고, 나머지 절반은 $\frac{1}{2}\div 4=\frac{1}{8}$(단위시간) 동안 달렸다. 총합(즉 총 걸린 시간)은 $\frac{1}{6}$ 단위시간이므로, 평균은 시속 6km다.

82. 잠자는 승객

전체 여정의 절반의 3분의 2이므로, 총 여정의 3분의 1이다.

83. 열차의 길이

첫 번째 열차에 탄 승객의 속도는 두 번째 열차의 상대적인 움직임을 고려할 때 45＋36＝81(km/h)이다. 이는 다음과 같이 변환할 수 있다.

$$\frac{81\mathrm{km/h}\times 1,000\mathrm{m/km}}{60\mathrm{min/h}\times 60\mathrm{sec/min}}=22.5\mathrm{m/sec}$$

그러므로 두 번째 열차의 길이는 6(초)×22.5(m/sec)＝135(m)다.

84. 자전거 선수

여정의 3분의 1, 또는 자전거를 타고 온 거리의 절반만큼을 걸어왔지만, 시간은 두 배가 걸렸다. 그러므로 자전거 속도는 걷는 속도의 네 배다.

85. 경쟁

볼로댜는 임무의 2/3를 했으므로 1/3이 남았다. 코스챠는 임무의 1/6을 했으므로 5/6가 남았다. 따라서 코스챠는 볼로댜보다 $\frac{5}{6} \div \frac{1}{3} = 2\frac{1}{2}$ 배만큼 더 빨리 일을 해야만 한다.

86. 누가 옳을까

마샤의 친구가 옳다. 마샤는 4/3배 한 수에 2/3를 더 곱했다. 하지만 $\frac{2}{3} \times \frac{4}{3} = \frac{8}{9}$ 이므로, 이 값은 제대로 된 답에서 1/9만큼 부족하다. 원래 부피의 1/9이 20m³인 셈이므로 정확한 답은 180m³다.

2 생각을 더 하는 수학퍼즐

87. 대장장이의 재치

죄수들은 바구니에 사슬 1개(5kg)를 넣고 아래로 내려 보낸다. 올라온 빈 바구니에는 2개의 사슬(10kg)을 넣는다. 양쪽 바구니에 계속 사슬을 2개씩 더 넣어서 아래로 내려가는 바구니가 35kg, 위로 올라오는 것이 30kg이 되도록 한다.

케초는 6개의 사슬(30kg)을 빼내고, 그 자리에 하녀(40kg)를 태운다. 하녀가 내려가고 사슬 7개가 든 바구니가 올라온다. 그중 6개를 빼낸 후, 하녀에게 바구니에서 내리라고 한다. 그리고 사슬 1개가 든 바구니를 내려 보내고 빈 바구니를 올린다.

하녀가 사슬 1개 바구니에 다시 타고(총 무게는 40 + 5 = 45kg), 다리지안(50kg)이 빈 바구니를 타고 내려간다. 다리지안은 지상에, 하녀는 탑에 둘 다 내린다. 여전히 사슬 1개가 든 바구니가 내려가고, 빈 바구니가 다시 올라온다.

케초는 맨 처음 했던 행동을 반복해 하녀를 다시 지상으로 내려 보낸다. 그다음 다리지안과 하녀(50 + 40 = 90kg)에게 둘 다 바구니에 타라고 하고, 케초 자신(90kg)이 사슬 1개를 지닌 채 바구니를 타고 내려간다. 이제 두 여자는 탑에 있고 케초는 지상에 내려온다.

앞에서 했던 방법으로 하녀를 다시 내려 보내고, 다리지안이 하녀와 교체해서 내려온다. 이제 하녀는 네 번째이자 마지막으로 바구니에 탑승해 내려오고, 사슬 7개가 올라간다. 하녀가 내리면, 케초는 위쪽 바구니의 사슬이 떨어지지 않도록 바구니를 묶는다.

88. 고양이가 쥐를 잡아먹는 방법

그림의 X에서(위치 13) 시작해서 시계방향으로 1, 2, 3···으로 순서를 매긴다. 그리고 매번 열세 번째 점을 지운다. 그러면 점들이 지워지는 순서는 13, 1, 3, 6, 10, 5, 2, 4, 9, 11, 12, 7, 8이 된다. 즉 위치 13에서 시작했을 때, 마지막 위치 8이 흰색 쥐여야 한다. 따라서 야옹이는 흰색 쥐로부터 시계방향으로 다섯 번째 쥐(위치 8에 대해 상대적인 위치 13)를 시작점으로 하여 시계방향으로 쥐들을 세어야 한다. 또는 흰색 쥐에서 반시계방향으로 다섯 번째 쥐부터 시작해도 된다(이때는 반시계방향으로 계속 쥐를 세어야 한다. - 편집자).

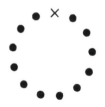

89. 검은방울새와 개똥지빠귀 새장

왼쪽부터 오른쪽으로 세었을 때 일곱 번째와 열네 번째 새장에 넣는다.

90. 성냥머리에 놓인 동전

좋은 방법은, 시작점의 성냥을 다음 동전을 놓을 목표로 삼는 것이다. 5번 성냥부터 세기 시작해서 7번 성냥에 동전을 났다고 쳐보자. 이제 3번에서 시작해서 5번에 동전을 놓고, 1번에서 시작해서 3번에 동전을 놓는다. 이런 식으로 계속해본다(그림 참조).

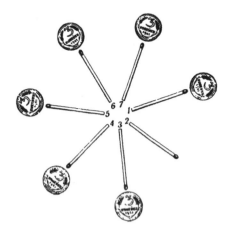

91. 여객 열차를 통과시켜라!

보수 열차의 뒤쪽 차량 세 대를 측선로로 넣는다. 이들을 측선로에 떼어 놓고, 보수 열차의 나머지 부분은 앞쪽으로 충분한 거리가 생기도록 쭉 전진한다.

여객 열차가 들어오며 보수 열차가 남겨놓은 차량 3대와 결합한다. 그리고 본선을 따라 후진해서 물러난다.

보수 열차의 기관차와 남은 차량 두 대 모두 측선로로 후진하여 들어간다. 마지막으로 여객 열차가 측선로에서 결합한 차량 세 대를 분리하고 전진해서 떠난다.

92. 세 소녀의 변덕

3명의 아버지를 A, B, C로 표기하고, 딸들을 각각 a, b, c라고 하자.

첫 번째 강가	두 번째 강가
A B C	. . .
a b c	. . .

1. 처음 두 소녀가 강을 건너간다.

첫 번째 강가	두 번째 강가
A B C	. . .
a . .	. b c

2. 한 소녀가 돌아와서 세 번째 소녀와 함께 강을 건너간다.

첫 번째 강가	두 번째 강가
A B C	. . .
. . .	a b c

3. 세 소녀 중 1명이 돌아와서 자신의 아버지와 함께 강가에 남는다. 다른 두 아버지가 건너간다.

첫 번째 강가	두 번째 강가
A . .	. B C
a . .	. b c

4. 한 아버지와 딸이 첫 번째 강가로 돌아온다. 딸은 남고, 두 아버지가 건너간다.

첫 번째 강가	두 번째 강가
. . .	A B C
a b .	. . c

5. 마지막 소녀가 첫 번째 강가로 돌아와서 두 번째 소녀와 함께 건너간다.

```
          . . .                    A B C
          a . .                    . b c
```

6. 첫 번째 강가에 남은 소녀의 아빠가 딸을 데리러 온다(또는 다른 두 소녀 중 1명이 데리러 온다).

```
          . . .                    A B C
          . . .                    a b c
```

93. 특정한 조건이 주어지면

(A) 3명을 태울 수 있는 보트로 건너가기: 아버지들을 A, B, C, D, 딸들을 각각 a, b, c, d라고 해보자.

| | 첫 번째 강가 | 배 | 두 번째 강가 |

```
          A B C D                  . . . .
          a b c d                  . . . .
```

1. 세 소녀가 간다.

```
          A B C D                  . . . .
          a . . .    b c d→        . b c d
```

2명이 돌아온다.

```
          A B C D                  . . . .
          a b c .    ←b c          . . . d
```

2. 한 아빠와 딸, 그리고 딸이 건너편에 있는 아버지가 건너간다.

```
          A B . .      C D⎫  →     . . C D
          a b . .      c ⎭         . . c d
```

한 아버지와 딸 한 쌍이 돌아온다.

```
          A B C .    ←⎰ C          . . . D
          a b c .     ⎱ c          . . . D
```

3. 3명의 아버지가 모두 건너간다.

```
          . . . .    A B C →      A B C D
          a b c .                  . . . d
```

한 소녀가 돌아온다.

```
          . . . .                 A B C D
          a b c d    ← d           . . . .
```

262

4. 방금 돌아온 소녀가 다른 두 소녀를 데리고 간다.

$$
\begin{array}{lll}
. \ . \ . \ . & & A \ B \ C \ D \\
a \ . \ . \ . & \quad b \ c \ d \rightarrow & . \ b \ c \ d
\end{array}
$$

아빠 A가 딸을 데리러 돌아온다(또는 세 소녀 중 1명이 돌아온다).

$$
\begin{array}{lll}
A \ . \ . \ . & \leftarrow A & . \ B \ C \ D \\
a \ . \ . \ . & & . \ b \ c \ d
\end{array}
$$

5. 마지막 두 사람이 간다.

$$
\begin{array}{lll}
. \ . \ . \ . & \left. \begin{array}{l} A \\ a \end{array} \right\} \rightarrow & A \ B \ C \ D \\
. \ . \ . \ . & & a \ b \ c \ d
\end{array}
$$

(B) 2명을 태울 수 있는 보트로 건너기(Y. V. 모로조바의 해법):

	첫 번째 강가	섬	두 번째 강가
	$A \ B \ C \ D$ $a \ b \ c \ d$	. . . .	. . . .
1.	$A \ B \ C \ D$ $a \ b \ . \ .$	. . . .	. . . . . . $c \ d$
2.	$A \ B \ C \ D$ $a \ . \ . \ .$	. . . .	. . . . . $b \ c \ d$
3.	$A \ B \ . \ .$ $a \ b \ . \ .$	. . . .	. . $C \ D$ . . $c \ d$
4.	$A \ B \ C \ .$ $a \ b \ . \ .$	. . . . . . $c \ .$	. . . D . . . d

(C가 c를 섬에 데려다놓고 첫 번째 강가로 돌아온 다음, 두 소녀에게 배를 넘긴다.)

	첫 번째 강가	섬	두 번째 강가
5.	$A \ B \ C \ .$	. . . . $a \ b \ c \ .$	. . . D . . . d
6.	$A \ . \ . \ .$ $a \ . \ . \ .$	. . . . . $b \ c \ .$	. $B \ C \ D$ . . . d
7.	$A \ . \ . \ .$ $a \ . \ . \ .$	. . . . . $b \ . \ .$	. $B \ C \ D$ . . $c \ d$
8.	. . . . $a \ . \ . \ .$	. . . . . $b \ . \ .$	$A \ B \ C \ D$ . . $c \ d$

(B가 A를 데리러 가서 두 번째 강가로 곧장 데리고 온다.)

	첫 번째 강가	섬	두 번째 강가
9.	. . . . $a \ . \ . \ .$	. . . .	$A \ B \ C \ D$. $b \ c \ d$
10.	. . . .	. . . .	$A \ B \ C \ D$ $a \ b \ c \ d$

94. 뛰어넘는 체커 말

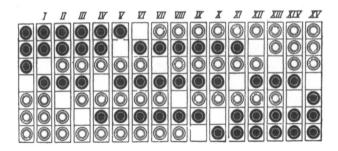

95. 흰색과 검은색 바꿔치기

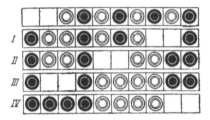

96. 문제 꼬기

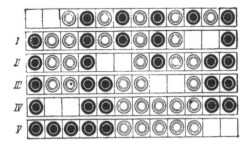

264

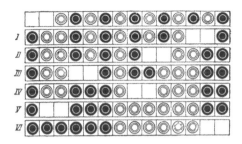

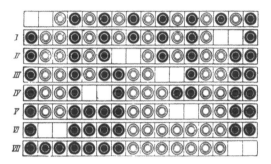

97. 일반화 문제

그림에서 두드러지게 변화가 보이는 왼쪽의 두 쌍과 오른쪽의 두 쌍에 집중해보자.

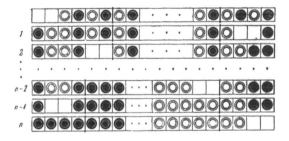

처음 두 번의 이동에서 안쪽의 (n–4)쌍은 그대로 있고, 바깥쪽 네 쌍이 그림의 위치로 움직인다. 그 결과 빈자리가 왼쪽 두 쌍의 오른쪽에 생긴다.

이후 (n–4)번의 이동에 의해 안쪽 쌍들 중 검은색은 왼쪽, 흰색은 오른쪽으로 옮겨졌다. (n−2) 이동에서는 오른쪽 두 쌍의 왼쪽에 빈자리가 생긴다. 마지막 두 번의 이동으로 바깥쪽 쌍들이 순서대로 정리되고 답이 완성된다.

98 순서대로 놓인 숫자 카드

첫 번째로 카드를 정리할 때에는 다음과 같은 순서로 카드가 탁자 위에 놓이기 때문에 4가 제일 위에 오게 된다.

1, 3, 5, 7, 9, 2, 6, 10, 8, 4

4가 열 번째이므로, 새 카드 더미를 만들면서 10을 위에서 네 번째에 넣는다. 8을 아홉 번째에 넣고 9를 여덟 번째에, 이런 식으로 정리한다. 그러면 이제 원하는 순서는 다음과 같이 될 것이다.

1, 6, 2, 10, 3, 7, 4, 9, 5, 8

99. 2개의 배열 퍼즐

100. 줄지 않는 신기한 상자

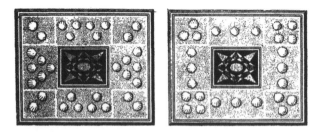

101. 용맹한 수비군

2	7	2
7	**36**	7
2	7	2

3	5	3
5	**32**	5
3	5	3

4	3	4
3	**28**	3
4	3	4

5	1	5
1	**24**	1
5	1	5

6	—	5
—	**22**	—
5	—	6

102. 칸칸이 짝을 지어요

한 가지 해법은 다음과 같다.

1 빨간색	4 검은색	2 초록색	3 흰색
2 흰색	3 초록색	1 검은색	4 빨간색
3 검은색	2 빨간색	4 흰색	1 초록색
4 초록색	1 흰색	3 빨간색	2 검은색

색상을 A, B, C, D로 표기하고 숫자는 a, b, c, d라고 하자(두 번째 표는 첫 번째 표의 빨간색, 검은색, 초록색, 흰색을 각각 A, B, C, D로 표현하고 숫자를 a, b, c, d라고 한 것으로, 앞의 표와 똑같다).

Aa	Bd	Cb	Dc
Db	Cc	Ba	Ad
Bc	Ab	Dd	Ca
Cd	Da	Ac	Bb

색깔을 배치하는 방법은 마흔여덟 가지가 있다. 숫자를 배치하는 방법도 마찬가지다. 이 문제에서는 두 조건이 서로 독립적이기 때문에 총 해법의 수는 $48 \times 48 = 2{,}304$(가지)다.

103. 전등 달기

18개부터 36개까지 몇 개든 사용할 수 있지만, 일부 경우에는 대칭을 이루지 못한다. 전등의 수가 최대인 경우를 마지막 그림에 나타냈다.

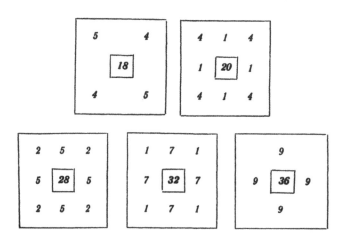

104. 실험용 토끼 배치

3번 조건만을 고려하면 토끼를 스물두 마리부터 마흔네 마리까지 넣을 수 있다(103번 답 참조). (103번 답에서 최소, 최대의 전등이 사용되는 경우를 이 토끼 문제에 대입해본다. 한 변에 열한 마리의 토끼 수가 유지되어야 한다. -편집자)

하지만 토끼 수는 3의 배수여야 한다(4번 조건). 그러므로 토끼 수는 24, 27, 30, 33, 36, 39, 42 중 하나다. 또한 배치를 해보면 스물네 마리의 토끼로는 빈 방 없이(1번 조건) 한 옆면에 열한 마리씩(3번 조건) 배치할 수 없고 33, 36, 39, 42의 경우에는 일부 방에 세 마리를 넘게 넣어야(2번 조건 위반) 한 옆면에 열한 마리를 맞출 수 있다.

따라서 조건을 만족시키지 않는 것을 제외하면 원래 서른 마리의 토끼가 예정되어 있었고, 스물일곱 마리가 도착했음을 알 수 있다. 아래 그림은 토끼를 어떻게 배치하는지 보여준다(두 쌍의 그림에서 왼쪽이 2층이고, 오른쪽이 1층이다).

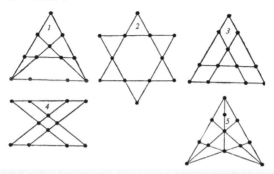

| 2층 | 1층 | 2층 | 1층 |

105. 조명 축제 준비

(A) 아래에 네 가지 방법이 제시되어 있다. 세 번째와 네 번째 그림은 스타브로폴의 4학년생 바티르 에드니예프가 찾아냈다. 그는 또한 다섯 번째 그림처럼 12개의 전등을 일곱 열로 배치해서 원뿔꼴 모자 형태를 만드는 법도 찾아냈다.

(B)

(C) 문제의 기본 조건은 오각별 모양(왼쪽)도 만족시킬 수 있지만, 물체가 놓여 있지 않은 교차점이 없는 편이 더 좋다. 그러므로 정원사는 오른쪽의 변칙적인 별 모양을 고를 것이다(이 형태는 모스크바의 공학자 V. I. 레베데프가 발견했다).

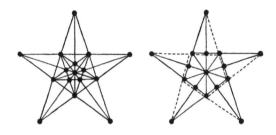

(D) 정사각형에 정사각형을 겹쳐서 배치한다. 5×5 정사각형 배열을 만드는 것이다!

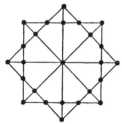

106. 나무를 심어라

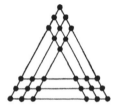

107. 기하학이 필요해

(A) 가능한 모든 해법은 간단한 기하학적 구조를 그려봄으로써 쉽고 빠르게 알아낼 수 있다. 말을 종이 위에 점으로 그려보자. 위쪽의 점 3개와 아래쪽 점 1개를 X로 지워라. 남은 위쪽의 점 2개 중 하나를 남은 아래쪽 점 2개와 잇고, 남은 위쪽의 두 번째 점을 아래쪽 나머지 점 2개와 잇는다(아래 그림 참조). 평행선이 그려지는 경우는 제외한다. 그린 직선이 교차하는 4개의 지점에, X 표시된 점들에 대응하는 4개의 말을 옮겨놓는다.

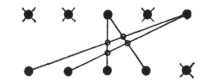

(B)

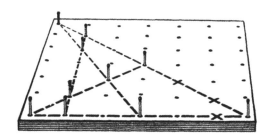

108. 짝수와 홀수 옮기기

최소 이동 횟수는 24회다(예를 들어 첫 번째 이동에 1번 말을 원 A로 옮긴다).

1. 1 – *A*,	7. 3 – *B*,	13. 3 – *C*,	19. 6 – *C*,
2. 2 – *B*,	8. 1 – *B*,	14. 1 – *C*,	20. 8 – *B*,
3. 3 – *C*,	9. 6 – *C*,	15. 5 – *A*,	21. 6 – *B*,
4. 4 – *D*,	10. 7 – *A*,	16. 1 – *B*,	22. 2 – *E* (또는 *C*)
5. 2 – *D*,	11. 1 – *A*,	17. 3 – *A*,	23. 4 – *B*,
6. 5 – *B*,	12. 6 – *E*,	18. 1 – *A*,	24. 2 – *B*

109. 숫자를 이동시켜라

가장 좋은 방법은 짧은 사슬식으로 움직이는 것이다. 그러니까 1번과 7번 말을 바꾼 다음, 7번 말을 위치 7(20번 말이 있는 곳)로 움직인다. 그다음에 20번 말을 위치 20(16번 말이 있는 곳)으로 옮기는 식이다. 여섯 번째 이동에서는 양쪽 말 모두 제자리에 있기 때문에 새로운 사슬을 시작하면 된다.

가장 적은 이동 횟수는 5개의 사슬로 이루어진 19회다.

$$1-7, 7-20, 20-16, 16-11, 11-2, 2-24,$$
$$3-10, 10-23, 23-14, 14-18, 18-5,$$
$$4-19, 19-9, 9-22,$$
$$6-12, 12-15, 15-13, 13-25,$$
$$17-21$$

110. 중국식 선물상자

바깥쪽 큰 상자의 사탕 9개 중 하나를 가장 작은 상자로 옮긴다. 그러면 가장 작은 상자에는 사탕이 5개(두 쌍+1)가 된다. 이 5개는 두 번째 안쪽 상자의 사탕 수에 포함되어야 한다. 이 상자에는 $5+4=9$(개)의 사탕(네 쌍+1)이 있다.

세 번째 상자에는 $9+4=13$(개)의 사탕(여섯 쌍+1)이 있고, 가장 큰 상자에는 $13+8=21$(개)의 사탕(열 쌍+1)이 있게 된다. 다른 방법도 찾을 수 있을 것이다.

111. 나이트로 폰 잡기

첫 번째로 잡는 폰으로 c4, d3, d4, e5, e6, f5를 제외한 아무 폰이나 선택해도 좋다. 예를 들어 나이트를 a3에 놓고 처음에 c2의 폰을 잡으면 b4, d3, b2, c4, d2, b3, d4, e6, g7, f5, e7, g6, e5, f7, g5 순서로 모든 폰을 잡을 수 있다.

112. 자리 바꾸기

(A) 첫 번째 이동으로 2번 말을 1번 칸으로 보낸 후 다음과 같이 움직이면 된다.

1. 2 − 1,	11. 7 − *B*,	21. 1 − *C*,	31. 7 − 6,	41. 6 − *C*,	51. 1 − 4,
2. 3 − 2,	12. 8 − 7,	22. 9 − 7,	32. 7 − 7,	42. 5 − 4,	52. 1 − 3,
3. 4 − 3,	13. 8 − 6,	23. 9 − 8,	33. 7 − 8,	43. 5 − 5,	53. 1 − *A*
4. 4 − *A*,	14. 8 − 5,	24. 9 − 9,	34. 1 − 7,	44. 5 − 6,	
5. 5 − 4,	15. 9 − 8,	25. 9 − 10,	35. 1 − 6,	45. 5 − 7,	
6. 5 − 3,	16. 9 − 7,	26. 8 − 6,	36. 1 − 5,	46. 4 − 3,	
7. 6 − 5,	17. 9 − 6,	27. 8 − 7,	37. 1 − *B*,	47. 4 − 4,	
8. 6 − 4,	18. 1 − 9,	28. 8 − 8,	38. 6 − 5,	48. 4 − 5,	
9. 7 − 6,	19. 1 − 8,	29. 8 − 9,	39. 6 − 6,	49. 4 − 6,	
10. 7 − 5,	20. 1 − 7,	30. 7 − 5,	40. 6 − 7,	50. 1 − 5,	

나머지 22회의 이동은 자명하다.

(B) 놓인 순서대로 흰색 말 1~8까지, 검은색 말 1~8까지로 하겠다.

1. 흰색 말 8번 동쪽으로 한 칸 전진

2. 검은 말 1번 서쪽으로 점프

3. 검은 말 2번 서쪽으로 한 칸 전진

4. 흰색 말 8번 동쪽으로 점프

5. 검은 말 3번 북쪽으로 한 칸 전진

6. 흰색 말 6번 남쪽으로 점프

이어서 말 번호를 생략하고 움직임만 약자로 표기한다.

7. 남 전진　8. 북 점프　9. 동 점프

10. 서 전진 11. 서 점프 12. 북 전진 13. 동 전진

14. 서 점프 15. 남 전진 16. 동 점프 17. 북 전진

18. 남 점프 19. 동 전진 20. 북 전진 21. 남 점프

22. 서 전진 23. 북 점프 24. 북 점프 25. 남 전진

26. 남 점프 27. 동 점프 28. 북 전진 29. 남 점프

30. 서 점프 31. 북 점프 32. 동 전진 33. 서 점프

34. 북 점프 35. 동 전진 36. 서 점프 37. 남 점프

38. 동 점프 39. 동 점프 40. 서 전진 41. 서 점프

42. 동 전진 43. 북 점프 44. 남 전진 45. 남 점프

46. 북 전진

113. 딱 하나의 글자만 가능

(A) 같은 글자를 사용할 때는 아래 그림의 대각선 AC의 아무 칸에 우선 하나를 놓는다. 대각선 BD의 4개 칸 중 두 칸이 앞의 글자와 같은 열에 있다. 따라서 두 번째 글자는 다른 두 칸 중 한 곳으로 가야 한다.

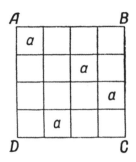

나머지 2개 글자를 그림처럼 놓을 수밖에 없음을 쉽게 알 것이다.

첫 번째 글자를 AC의 네 칸 중 아무 데나 놓았고, 두 번째는 BD의 두 칸 중 하나에 놓았으므로 $4 \times 2 = 8$(가지) 방법이 있다. 하지만 8개 모두 위 그림의 형태를 돌리거나 뒤집어서 얻을 수 있다.

4개의 서로 다른 글자의 경우에도 똑같이 8개 칸 선택이 가능하지만 하나하나마다 a, b, c, d/a, b, d, c/…/d, c, b, a로 하는 스물네 가지 방법이 있다. 따라서 $8 \times 24 = 192$(가지) 방법이 존재한다.

(B) 문제의 조건을 통해 모서리의 4개 칸에 들어가는 글자가 모두 달라야 함을 알 수 있다. 임의의 순서로 그것을 써보자(그림 (a) 참조). a와 d가 있는 대각선 열의 가운데에는 b와 c가 들어가야 하는데 두 가지 방법이 있다(그림 (b)와 (c))

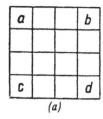
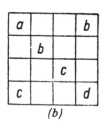
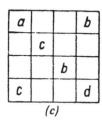

이 6개의 칸을 채운 다음에 나머지를 넣는 방법은 딱 하나뿐이다(우선 바깥 테두리 칸들을 채우고, 그다음에 두 번째 대각선을 채워보자). 그 결과는 다음 2개의 표로 확인할 수 있다.

274

a	c	d	b
d	b	a	c
b	d	c	a
c	a	b	d

a	d	c	b
b	c	d	a
d	a	b	c
c	b	a	d

모서리에 4개의 글자를 배치하는 방법은 $4 \times 3 \times 2 \times 1 = 24$(가지)이고 각각에 두 가지 방식이 있으므로, 전체 총 마흔여덟 가지다.

114. 숫자를 묶어보자

$$\left.\begin{matrix} 1 \\ 8 \\ 15 \end{matrix}\right\} d = 7, \quad \left.\begin{matrix} 2 \\ 7 \\ 12 \end{matrix}\right\} d = 5, \quad \left.\begin{matrix} 6 \\ 10 \\ 14 \end{matrix}\right\} d = 4, \quad \left.\begin{matrix} 9 \\ 11 \\ 13 \end{matrix}\right\} d = 2, \quad \left.\begin{matrix} 3 \\ 4 \\ 5 \end{matrix}\right\} d = 1$$

d는 6, d는 3 등으로도 묶을 수 있다.

115. 별은 어디에

해법은 아래 그림의 딱 한 가지뿐이다. 이 문제를 푸는, 느리지만 확실한 방법이 있다. 첫 번째인 1번 별을 1열(맨 왼쪽 위아래 열)의 가장 아래 흰색 칸에 놓는다. 그리고 2번 별을 2열의 흰색 칸 중에서 놓을 수 있는 가장 아래 칸에 놓는다. 2열의 아래서부터 첫 번째와 두 번째 흰색 칸은 1번 별과 대각선 위치에 있기 때문에 제외된다. 따라서 아래서부터 세 번째 흰색 칸이어야 한다(지금은). (즉 일단 2번 별을 두 번째 열 다섯 번째 칸에 놓겠다는 말이다. 아래 그림의 별보다 한 칸 아래의 위치다. – 편집자)

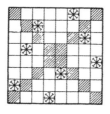

계속해서 3열에서는 제일 아래 칸에 별을 놓고(3열 여덟 번째 칸 – 편집자), 4열에서는 아래서부터 세 번째 칸(4열 여섯 번째 칸 – 편집자)에 별을 놓는 식으로 진행한다(5열에서는 첫 번째 칸에 별이 놓인다. – 편집자).

'불가능한' 열에 도달하면 바로 이전 열의 별을 가능한 한 조금만 위로 올린다(우리의 진행에서는 바로 6열에서 이 '불가능' 상황이 발생한다. – 편집자). 바로 앞의 열에서 별을 놓을 다른 칸을 찾지 못했거나, 가능한 모든 칸에 놓아도 여전히 다음 열에 별을 놓는 게 '불가능'하면, 앞의 별을 빼고 그보다 한 칸 더 왼쪽 열부터 다시 시작한다.

116. 마지막은 1번 자리로

각각의 이동 표기는 점프를 시작하는 원과 도착하는 원을 나타낸다.

1. 9 – 1,	9. 1 – 9,	17. 28 – 30,	25. 25 – 11,
2. 7 – 9,	10. 18 – 6,	18. 33 – 25,	26. 6 – 18,
3. 10 – 8,	11. 3 – 11,	19. 18 – 30,	27. 9 – 11,
4. 21 – 7,	12. 16 – 18,	20. 31 – 33,	28. 18 – 6,
5. 7 – 9,	13. 18 – 6,	21. 33 – 25,	29. 13 – 11,
6. 22 – 8,	14. 30 – 18,	22. 26 – 24,	30. 11 – 3,
7. 8 – 10,	15. 27 – 25,	23. 20 – 18,	31. 3 – 1
8. 6 – 4,	16. 24 – 26,	24. 23 – 25,	

117. 동전 모양 바꾸기

1. 1–2, 3	2–6, 5	6–1, 3	1–6, 2
2. 1–2, 3	4–1, 3	3–6, 5	5–3, 4
3. 1–4, 5	3–4, 1	4–2, 6	2–3, 4
4. 1–4, 5	5–2, 6	6–4, 1	1–6, 5
5. 2–3, 4	3–1, 6, 5	6–2, 4	2–1, 6
6. 2–3, 4	5–2, 3	3–1, 6	1–3, 5
7. 2–4, 5	5–1, 3, 6	6–2, 4	2–1, 6
8. 2–4, 5	3–2, 5	5–1, 6	1–5, 3
9. 3–1, 2	5–3, 2	2–6, 4	4–5, 2
10. 3–1, 2	4–3, 1	1–6, 5	5–1, 4
11. 3–1, 2	1–2, 6, 4	6–2, 3	3–6, 5
12. 3–1, 2	2–1, 6, 5	6–3, 1	3–6, 4
13. 3–4, 5	2–3, 5	5–1, 6	1–2, 5
14. 3–4, 5	1–3, 4	4–2, 6	2–1, 4
15. 3–4, 5	4–1, 6, 5	6–5, 3	3–2, 6
16. 3–4, 5	5–2, 6, 4	6–3, 4	3–1, 6
17. 4–3, 2	3–1, 6, 5	6–2, 4	4–5, 6
18. 4–3, 2	1–4, 3	3–5, 6	5–3, 1
19. 4–1, 2	1–3, 6, 5	6–2, 4	4–6, 5
20. 4–1, 2	3–1, 4	1–6, 5	5–1, 3
21. 5–3, 4	4–1, 6	6–3, 5	5–6, 4
22. 5–3, 4	2–3, 5	3–1, 6	1–2, 3
23. 5–1, 2	3–2, 5	2–6, 4	4–3, 2
24. 5–1, 2	1–4, 6	6–2, 5	5–1, 6

118. 얼음 위의 피겨 스케이터

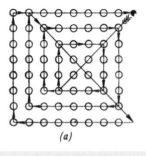

(a)

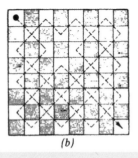

(b)

119. 콜리야 시니치킨의 체스

할 수 없다. 나이트는 검은색 칸에서 흰색 칸으로만, 또는 흰색 칸에서 검은색 칸으로만 움직인다. a1(검은색)에서 1, 3, 5, …, 61, 63번 움직일 때마다 나이트는 흰색 칸에 위치한다. 64개의 칸을 모두 지나는 데 처음 시작을 제외하면 63번 이동하기 때문에 나이트는 흰색 칸에서 끝난다. 하지만 h8은 검은색이다.

120. 감옥에서 탈출하라

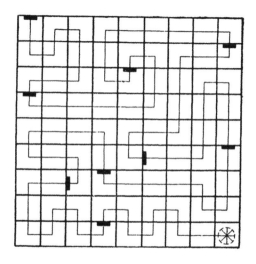

121. 열쇠부터 찾을 것

우선 d와 e 열쇠를 구해서 E와 D 감방 문을 연다(문제에 있는 그림 참조). c 열쇠를 구해서 C 감방의 문을 열고, a 열쇠를 구하면 A 감방 문을 열고 b 열쇠를 구할 수 있다. E와 D로 다시 가서 B 감방 문을 열고, f 열쇠를 구한다. 그다음으로 다시 E를 지나 F 방문을 열고, g 열쇠를 구해서 G 방을 지나 감옥을 빠져나가면 된다.

자유를 향한 길은 쉽지 않다. 모두 85개의 문을 지나야 한다.

❸ 성냥개비는 퍼즐 친구

122. 정사각형을 만들어라

(A)
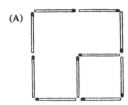

(B)
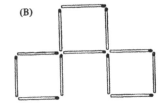

(C)

(D)
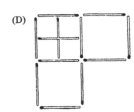

(E)
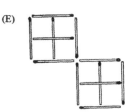

123. 한 번 더 꼬인 트릭 퀴즈1
그림처럼 코너 두 군데에서 성냥을 구부린다.

124. 한 번 더 꼬인 트릭 퀴즈2

성냥 2개를 탁자 구석에 놓아 탁자의 두 변이 사각형의 두 변을 이루게 만든다.

125. 움직이거나 빼거나

(A) 큰 정사각형 안에서 성냥 12개를 뺀 후, 그걸로 다른 큰 정사각형을 만든다.

(B)

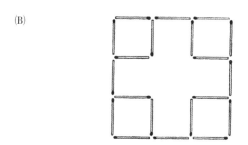

(C) 성냥 4개의 경우는 아래 그림 (a), 성냥 6개의 경우는 그림 (b)(다른 답도 가능하다). 성냥 8개는 그림 (c)다(답이 2개 더 있다).

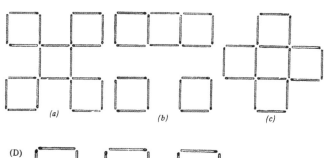

(a)   *(b)*   *(c)*

(D)

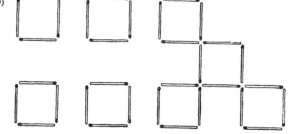

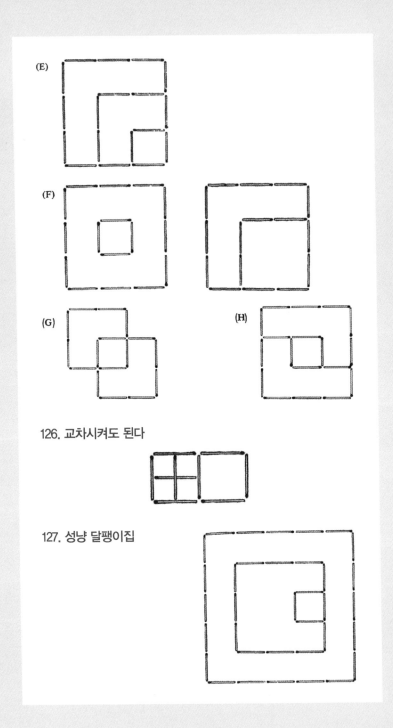

(E)

(F)

(G)　　　(H)

126. 교차시켜도 된다

127. 성냥 달팽이집

128. 2개를 빼고 3개를 남겨라

129. 정삼각형을 만들어라

130. 집을 해체하면 정사각형

131. 다양한 다각형

132. 성냥을 어떻게 빼야 할까

30개.

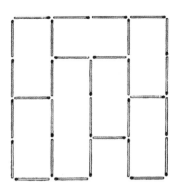

133. 마룻바닥

840개다.

134. 울타리를 옮겨라

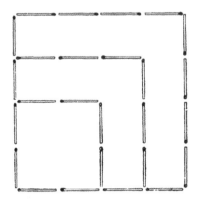

135. 정사각형과 마름모 만들기

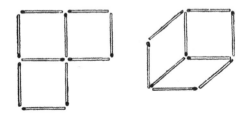

136. 화살을 움직여라

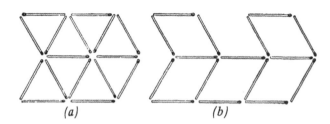

(a)   (b)

282

137. 독창적인 답이 가능

여기서는 세 가지 해법을 제시하겠다.

1. 우선 3×4×5인 직각삼각형을 만든다(면적은 단위 정사각형 6개 크기다). 그다음에 성냥 4개를 삼각형 안으로 옮겨서 첫 번째 그림처럼 3개의 단위 정사각형을 없앤다. 그러면 빗금 친 면적은 12개의 성냥으로 만든, 단위 정사각형 3개 크기가 된다(면적을 계산해보라).

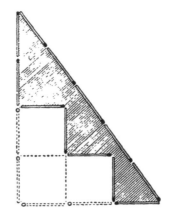

2. 다음 그림처럼 단위 정사각형 4개 넓이의 정사각형에서 시작하자(성냥 8개). 첫 번째 변형에서는 면적이 똑같이 유지된다. 두 번째 변형에서 단위 정사각형 1개 크기가 없어지고 12개의 성냥으로 만든, 단위 정사각형 3개 크기만 남는다. (레닌그라드 공학자 N. I. 아자노프의 해법)

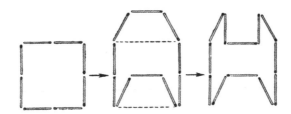

3. 밑변이 1단위, 높이가 3단위인 평행사변형을 만든다. 그 면적은 12개의 성냥으로 만든 1×3 = 3(단위 정사각형)이 된다. (모스크바 공학자 V. I. 레베데프의 해법)

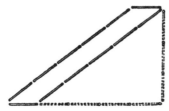

138. 정원 설계하기

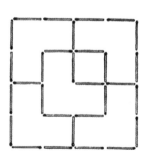

139. 동일한 면적의 조각

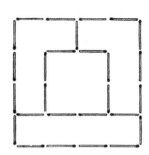

140. 한 번 더 꼬인 트릭 퀴즈3

141. 우물이 있는 정원

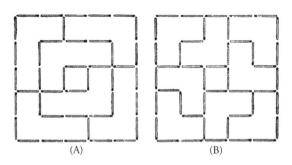

(A)   (B)

142. 면적이 세 배가 되는 도형

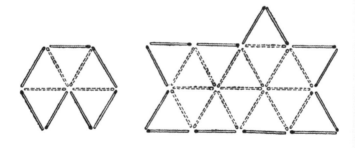

143. 해자 건너기

성냥개비들이 살짝 떨어져 있어서 하나로는 다리를 만들 수 없다.

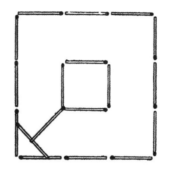

144. 증명하기

첫 번째 해법: 그림 (a)처럼 정삼각형 3개를 나란히 만든다. 2개의 원래
성냥은 각도가 $3 \times 60° = 180°$를 이루기 때문에 직선이다.

두 번째 해법: 그림 (b)를 보라!

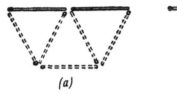

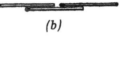

(b)

(a)

④ 창의력·이해력 높이는 조각퍼즐

145. 똑같은 조각

(A)

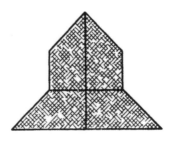

(B)

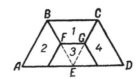

(C)

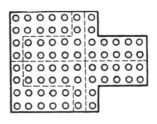

(D)

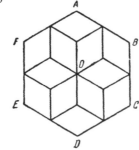 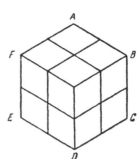

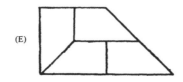

(E)

146. 해체해서 재배치

abcde를 따라 자른다. 이때 b, c, d는 왼쪽 도형을 이루는 각 정사각형의
한가운데에 위치하는 점이다. 자른 조각을 옮겨서 틀 형태를 완성시킨
다(오른쪽). 두 번째 해법은 독자 스스로 찾아보자.

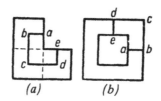

(a) *(b)*

147. 사라진 절단선

1. 우선 나란히 있는 같은 숫자 사이에 한 칸씩 선을 긋는다(그림 (a)).

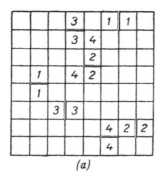

(a)

2. 대칭을 위해 사각형 그림 (b)에서 다른 부분 세 곳에 한 칸씩 더 선을
긋는다(90° 회전시켰을 때, 위의 과정 1과 동일한 위치에 절단선들이 있어야 한
다. 두 번 더 90°씩 회전시키면서 절단선들을 찾아보자. – 편집자).

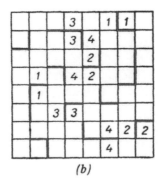
(b)

3. 4개의 중심 칸들을 분리한다. 2개의 동일한 숫자가 같은 조각에 있을 수 없기 때문이다. 그러고 나면 조각을 완전히 잘라낼 수 있다. 단 4개의 코너 칸은 각각 다른 조각에 들어가야 하며, 각 조각에는 숫자들이 하나씩만 들어가야 한다는 점을 염두에 둔다.

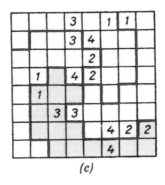
(c)

148. 케이크 위의 장미 일곱 송이

288

149. 금속판을 전부 사용할 것

아래 그림처럼 1번 판 6개로 직사각형을 만들 수 있다.

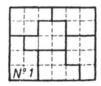

다른 6개 패턴의 절단선이 아래 그림 I부터 VI까지에 표시돼 있다.

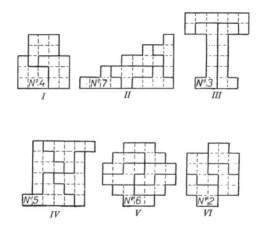

150. 조언이 필요해

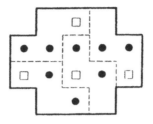

151. 파시스트가 공격했을 때

바샤는 그림처럼 계단식으로 판자를 잘라서 자신의 똑똑함을 입증했다.

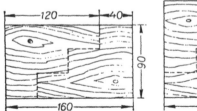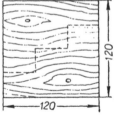

152. 전기수리공의 추억

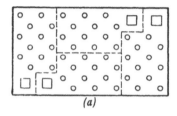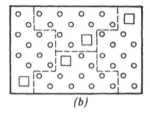

독자 스스로 두 번째 판에 대한 또 다른 해법을 찾아보자.

153. 낭비하지 말 것

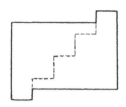

154. 말발굽 자르는 법

선이 말발굽 위에서 겹쳐져야 한다.

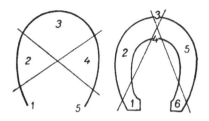

155. 두 번 잘라 구멍을 나눠라

이 문제는 앞의 문제와 달리 첫 번째로 자른 후 재배치를 하지 말라는 말이 없다. 말발굽 끝쪽(U자형이라 할 때 위쪽 – 편집자)의 구멍 2개가 있는 부위를 한 번에 잘라낸다. 끝쪽 조각 둘 다를 가운데 판 위에 올려서 구멍이 겹치게 한다. 그런 다음 두 구멍 사이를 자른다.

156. 물병으로 정사각형 만들기

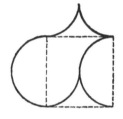

157. 글자 E로 만든 정사각형

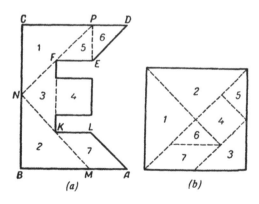

(a)   (b)

158. 팔각형의 변신

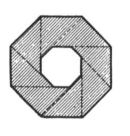 

159. 러그 복원하기

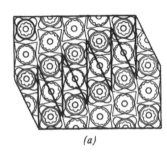 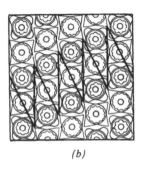

(a)   *(b)*

160. 소중한 포상

그녀는 러그를 계단 2개가 합쳐진 형태로 자른 다음, 두 조각을 아래 그림처럼 붙였다.

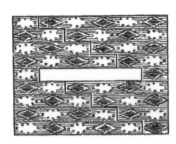 

161. 불가능을 확인하라

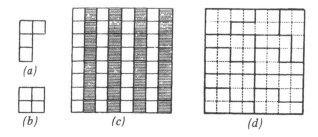

그림 (c)처럼 검은색과 흰색 세로줄로 이루어진 8×8판을 생각해보자. 이 판에서 (a) 모양을 어떻게 잘라내든 잘라낸 조각은 흰색 칸 홀수 개 (1이나 3)와 검은색 칸 홀수 개(3이나 1)를 가질 것이다. 그 결과, 이런 모양 의 15개 조각 역시 흰색과 검은색 칸을 홀수 개만큼 갖게 된다. 하지만 (b)는 흰색 2칸과 검은색 2칸을 갖기에 전체 열여섯 조각은 흰색과 검은 색 칸 홀수 개를 갖게 된다. 그러나 체스판에는 32개의 흰색 칸과 32개 의 검은색 칸이 있다. 그러므로 판을 (a) 모양 열다섯 조각과 (b) 모양 한 조각으로 자르는 것은 불가능하다는 결론이 나온다.
다르게 자르는 방법은 (d)를 보라.

162. 할머니를 위한 선물

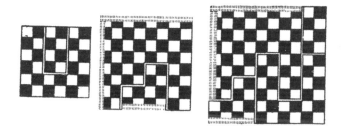

163. 가구 제작자의 문제

가구 제작자는 각 판을 BA, CA, B_1A_1, C_1A_1의 선으로 잘랐다. 그렇게 만 들어진 여덟 조각을 그림처럼 붙여서 원형 탁자판으로 만든다.

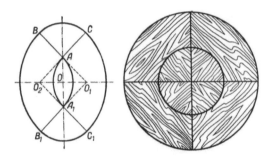

164. 재봉사에게는 수학이 필요해

ABC를 뒤집을 조각이라고 생각하자. 재봉사는 DE와 DF(이 선들은 BC 와 AB를 반으로 나눈다)로 조각을 잘랐다. 그다음 삼각형은 세로축(BD와 평행하면서 각각 점 F와 점 E를 지나는 직선 − 편집자)을 기준으로, 사각형은 EF를 기준으로 뒤집었다. 이를 다시 꿰매 붙이면, ABC 조각은 뒤집혔 으면서도 모양은 그대로 유지된다.

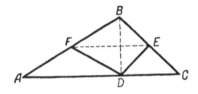

165. 가장 많은 조각 만들기

최대치를 얻기 위해서는 각 선이 나머지 모두와 서로 교차해야 하며, 선 이 3개 이상 한 점에서 만나서는 안 된다.

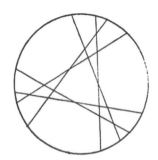

166. 다각형을 정사각형으로

AC를 양분하는 점 K를 만든다. FQ=AK=DP가 만족하도록 보조선을 그림과 같이 긋는다. BQ와 QE를 따라 자른다. 자른 조각을 합하면 정사각형 BPEQ가 만들어진다.

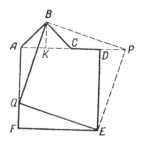

167. 4개의 나이트

168. 정육각형을 분해하라

그림 (a)에서 AC와 평행하고 AF에 수직인 EL을 그리고, EL과 길이가 같은 LM을 그린다. EM을 직선으로 연결하고, EM을 이용해서 정삼각형 EMN을 만든다. KN이 CD와 만나도록 직선을 연장해 그리고 그 접점을 점 P로 잡는다. 제대로 이 구조를 그렸다면 CP는 CK와 길이가 같을 것이다.

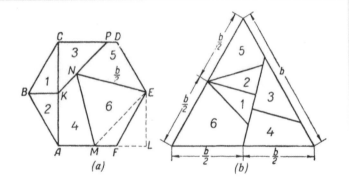
(a)   (b)

실선은 그림 (b)에서 그림 (a)의 여섯 조각이 어떻게 정삼각형으로 결합되었는지를 보여준다.

5 수학이 가져오는 기술과 효용

169. 타깃은 어디에 있을까

타깃은 A에서 75마일, B에서 90마일 위치에 있다. 본문 그림을 보자. 중앙에 마일 눈금자가 있다. 컴퍼스로 75마일 길이를 눈금자에서 측정해서 A에서부터 75마일 길이의 호를 그린다. 또 컴퍼스로 90마일 길이를 측정해서 B에서 90마일 길이의 호를 그린다. 타깃은 두 호가 바다 쪽에서 교차하는 지점에 있다.

170. 정육면체 속 들여다보기

여섯 번 잘라야 한다. 문제의 정육면체 개수는 각각 27개, 0개, 8개(큰 정육면체의 꼭짓점의 수), 12개(가장자리의 수), 6개(면의 수), 1개다.

171. 두 배가 더 필요해

각 정육면체를 그림처럼 8개의 작은 정육면체로 자른다. 작은 정육면체의 표면적은 큰 정육면체의 4분의 1이니까 총 표면적은 두 배가 된다.

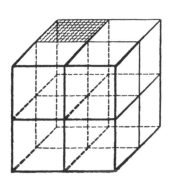

172. 두 열차의 만남

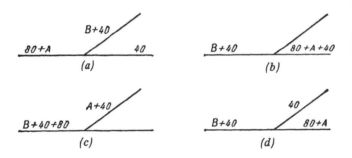

1. 그림 (a)처럼 기관차 B가 차량 40칸을 달고 임시 철로로 들어간다(뒤쪽의 40칸은 오른쪽에 남겨둔다).

2. 그림 (b)처럼 기관차 A가 차량 80칸을 달고 임시 철로를 지나 B가 남겨둔 40개의 차량과 결합한다. B가 임시 철로에서 나온다.

3. A가 오른쪽에서 왼쪽으로 차량 120칸을 달고 가다가 임시 철로를 지나서 멈춘다. 자신의 80칸을 왼쪽에 남겨두고, B의 40칸을 단 채 임시 철로로 들어간다. 그림 (c) 참고.

4. 그림 (d)처럼 A가 B의 차량 40칸을 남겨두고 임시 철로를 나온다. 왼쪽에서 자신의 차량을 다시 달고 오른쪽으로 출발한다. 여전히 40칸을 달고 있는 B가 나머지 40칸을 임시 철로에서 달고 왼쪽으로 나온다.

173. 삼각형 철로를 이용하라

(A) 아래 그림은 열 번 움직이는 해법을 보여준다.

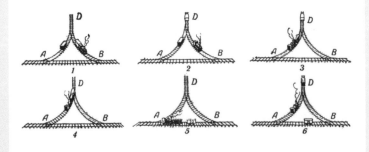

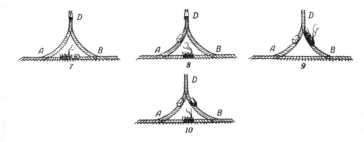

1. 기관차가 후진해서 BD로 들어와서 흰색 차량과 결합한다.

2. 후진해서 흰색 차량을 D에 넣고 분리하고 DB를 따라 나간다.

3. B를 지나 후진해 A로 와서 AD로 들어가 검은색 차량과 결합한다.

4. 검은색 차량을 앞으로 밀고 가다가 흰색 차량과 결합한 후, 두 차량을 다 끌고 후진해서 AD에서 빠져나온다.

5. 후진해서 A를 지나 B로 가는 중간에 흰색 차량을 분리한다.

6. 흰색 차량을 AB에 남겨두고, 검은색 차량을 단 채 후진해서 A를 지나 검은색 차량을 AD로 밀어 보내 D로 집어넣고 분리한다. 후진해서 AD에서 나온다.

7. 후진해서 A를 지나 AB로 전진해서 다시 흰색 차량과 결합한다.

8. 후진해서 A를 지나 흰색 차량을 AD로 밀어 넣고 분리한 다음, 다시 후진해서 A를 지나 B 쪽으로 전진한다.

9. B를 지나서 BD로 후진해서 들어간 다음 검은색 차량과 결합한 후, 이를 끌고 DB를 따라 전진한다.

10. BD에서 검은색 차량을 분리하고, B를 지나 후진해서 다시 A와 B 중간까지 정방향을 바라보며 후진한다.

(10회로 완료하는 방법은 최소한 두 가지가 더 있다.)

(B) 다음 그림은 여섯 번 움직이는 해법을 보여준다.

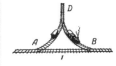 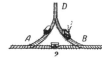 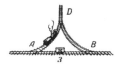

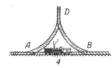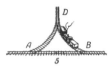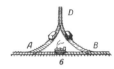

1. 기관차가 BD로 후진해 들어가서 흰색 차량과 결합한다.
2. 흰색 차량을 끌고 B를 지나 BA를 따라 후진한 후, 흰색 차량을 분리한다. 흰색 차량을 AB에 남겨두고 전진해서 B를 지나 BD로 후진해 들어간다.
3. D로 들어갔다 나오면서 DA를 따라 전진해서 검은색 차량과 결합한다.
4. 검은색 차량을 A를 지나도록 밀고 AB를 따라 후진한 후, 흰색 차량과 결합한다.
5. 두 차량 사이에 낀 채로 B를 후진으로 지나 BD로 들어간다. 검은색 차량을 분리한다.
6. 검은색 차량을 BD에 두고 후진해서 흰색 차량을 밀고 B를 지난 후, AB를 따라 흰색 차량을 끌고 전진해서 A를 지난 다음, 다시 AD로 밀고 들어가서 흰색 차량을 분리한다. AD에서 나와 A를 지난 다음 후진해서 A와 B 사이로 들어간다.

174. 벨트는 다 돌아갈까

모두 돌아간다. C와 D는 시계방향으로, B는 반시계방향으로 돈다. 벨트 4개가 모두 꼬여 있을 때에는 바퀴가 전부 돌 수 있지만, 1개나 3개가 꼬여 있을 때는 돌지 못한다.

175. 7개의 삼각형

이 문제는 그림처럼 3차원적으로만 풀 수 있다.

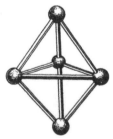

176. 세 번 측정해서 나누기

1. 1,800g을 나눠 각 접시에 900g씩의 가루가 놓이게 한다.
2. 다시 저울만 이용해서 한쪽의 900g 가루를 450g과 450g으로 나눈다.
3. 450g 가루에서 2개의 무게추를 이용해서 50g을 제거한다. 이제 한쪽은 400g이 되었으므로, 나머지 더미를 다 합하면 1,400g이 될 것이다.

177. 화가의 캔버스

정수 크기의 변을 가진 임의의 직사각형을 그리고, 이를 단위 정사각형(가로세로가 1×1인 것) 칸으로 나눈다(그림 (a)). 빗금 친 가장자리를 주목하라. 가장자리 칸의 개수는 둘레 길이보다 4만큼 적다. 직사각형에서 빗금 치지 않은 가운데 칸이 4개 있는 경우에만 단위 칸의 총 개수, 즉 면적이 둘레와 똑같을 것이다. 하지만 단위 칸 4개는 아래의 두 가지 방식으로만 직사각형 안에 배치할 수 있다(그림 (b)와 (c)). 즉 답은 4×4 정사각형과 6×3 직사각형이다.

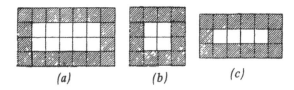

(a)   *(b)*   *(c)*

$xy = 2x + 2y$(여기서 x와 y는 직사각형의 가로와 세로)에서 이 답을 찾아내는 것은 쉽지만, 이 두 값만이 해답이라는 것을 증명할 수는 없었다.

178. 100% 절약할 수 있을까

어떤 발명품도 연료를 100% 절약시킬 수는 없다. 에너지가 무(無)에서 생길 수는 없기 때문이다. 정확한 계산은 다음과 같다.

$$100\% - (100\% - 30\%)(100\% - 45\%)(100\% - 25\%)$$
$$= 100\% - (70\% \times 55\% \times 75\%)$$
$$= 71.125\%$$

이 계산은 세 발명품의 효과가 서로 독립적이라고 가정한 것이다.

179. 병의 무게는 얼마일까

(a)

(b)

(c)

그림 (b)에서 병은 '그릇＋컵'과 평형을 이룬다. 양쪽 접시에 컵을 하나씩 더해도 평형은 깨지지 않을 것이다. 그럼 '병＋컵'은 '그릇＋컵 2개'와 평형을 이룬다(그림 (d)). 그림 (a)와 (d)를 비교하면, 물주전자의 무게가 '그릇＋컵 2개'와 같다는 것을 알 수 있다. 또한 물주전자 2개는 그릇 3개와 평형이다(그림 (c)). 그러므로 그릇 3개는 '그릇 2개＋컵 4개'와 같다(그림 (e)).

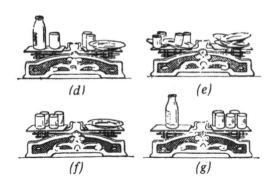
(d)   *(e)*
(f)   *(g)*

그림 (e)의 양쪽 접시에서 그릇 2개씩를 빼면, 그릇 1개가 컵 4개와 평형을 이룬다(그림 (f)). 이제 그림 (b)에서 그릇 1개 대신 컵 4개를 놓아보자. 그러면 컵 5개와 병 하나가 평형을 이룬다(그림 (g)).

180. 산탄을 채운 물병

그들은 탄환을 물병에 넣고 탄환 사이사이의 공간에 물이 들어가도록 물을 채웠다. 이제 물의 부피와 탄환의 부피를 더한 것이 물병의 부피다. 물병에서 탄환을 빼내고 남은 물의 부피를 측정한 후, 물병 부피에서 그 값을 빼면 된다.

181. 중사는 어디로

그림처럼 그는 시작점으로 돌아왔다.

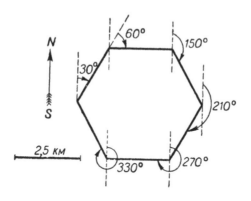

182. 측정기 없이 측정하기

⑴ 그림 (a)처럼 원통형 물체에 전선을 여러 번 감는다. 지름 20개가 2cm 이므로, 지름 하나당 0.1cm다.

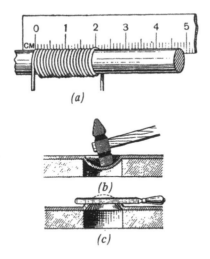

⑵ 주석판을 동그란 구멍이 있는 받침 위에 놓는다. 망치로 판을 두드려서 그림 (b)처럼 움푹 팬 자국을 만든다. 판을 뒤집어서 튀어나온 부분을 줄로 갈아내면(그림 (c)) 동그란 구멍이 생긴다.

183. 디자인의 독창성

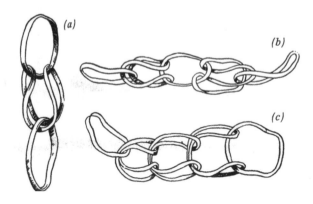

184. 정육면체 자르기

(A) 만들 수 없다. 정육면체의 마주 보는 면들이 서로 평행하기 때문에 면을 홀수 개만큼 자를 수가 없다(특정한 면을 자르면 그 마주 보는 면도 반드시 잘린다).

(B) 가능하다. 그림 (a)에서 정육면체의 3개 면의 대각선을 변으로 가지는 삼각형 AD_1C의 세 변의 길이는 모두 같다. 그림 (b)에서 육각형의 각 변은 정육면체 한 모서리의 반절을 한 변으로 하는 작은 정사각형의 대각선이기 때문에 그 길이가 모두 같다.

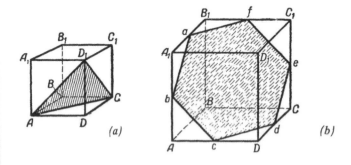

(C) 안 된다. 정육면체에는 면이 6개밖에 없고, 한 면을 한 번밖에 자를 수 없기 때문이다.

185. 스프링 저울

덩어리를 4개의 스프링 저울 고리에 매단다. 각각의 고리는 물체 무게의
4분의 1씩을 재게 될 것이다. 4개 저울 눈금의 총합이 덩어리의 무게다.
그림에서 덩어리의 무게는 16kg이다.

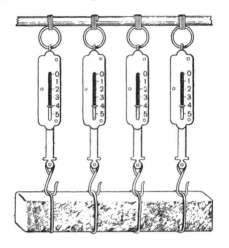

186. 원의 중심 찾기

그림처럼 제도용 삼각자의 직각 부분을 원주 위의 점 C에 놓는다. 삼각
자의 다리 부분이 원주와 겹치는 D와 E가 지름의 양끝이 된다. 지름을
그리고 두 번째 지름도 같은 방법으로 그린다. 그러면 두 지름이 겹치는
부분이 원의 중심이다.

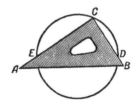

187. 공의 기하학

컴퍼스의 중심을 공 위 임의의 점 M에 놓고, 임의의 반지름을 가진 원
을 공 위에 그린다. 원 위에 임의의 점 3개를 찍는다(그림 (a)). 컴퍼스를
이용해서 종이 위에 공 위의 점 A, B, C와 똑같은 거리만큼 떨어져 있는

꼭짓점 ABC를 가진 삼각형을 그린다(그림 (b)).

삼각형의 세 꼭짓점을 지나는 원을 그리고, 수직으로 만나는 지름 PQ와 GH를 그린다. 이 원은 공 위에 그린 원과 똑같기 때문에 PQ=KL이다.

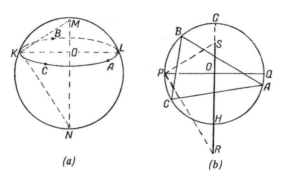

(a)   *(b)*

원 위의 점 P는 공 표면의 점 K에 상응한다. 컴퍼스로 KM만큼의 거리를 벌린 다음, 컴퍼스 중심을 P에 놓고 GH 위에서 PS=KM을 만족하는 점 S를 찾는다. GH의 연장선 위로 PS에 대한 수선 PR을 긋는다. 이때 교점이 R이다. 선분 SR은 공의 지름과 똑같을 것이다. 이는 공 속에 있는 삼각형 MKN이 종이 위에 있는 삼각형 SPR과 크기와 모양이 똑같다는 사실로 증명할 수 있다.

188. 어떤 상자가 더 무거울까

한 상자는 공이 3×3×3으로 배치되어 있고, 다른 하나는 4×4×4로 있다. 그러므로 큰 공의 지름은 작은 공의 지름의 4/3가 된다. 따라서 큰 공의 부피, 또는 무게는 작은 공의 64/27다. 큰 공이 27/64만큼 더 무겁기에 두 상자의 무게는 똑같다. 이는 다른 세제곱수의 경우에도 마찬가지다.

189. 장식장 제작자의 예술

그림에서 직각인 A와 A_1, B와 B_1은 정육면체를 이룰 때 서로 만난다. 두 조각은 AB를 따라서 수평으로 밀어낼 때에만 분리된다.

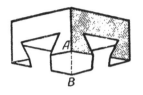 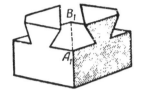

190. 목재 빔 정육면체

기둥을 그림 (a)처럼 모양과 크기가 같은 2개의 계단형 조각으로 자른다. 각 계단의 높이는 9cm이고, 폭은 4cm다. 위쪽 조각을 아래쪽으로 내리면 변이 각각 12cm, 8cm, 18cm인 새로운 직육면체가 만들어진다(그림 (b) 참조).

이 새로운 입체를 이번에는 처음의 수직 방향으로, 모양과 크기가 같은 2개의 계단형 조각으로 자른다. 각 계단의 높이는 6cm이고, 폭은 4cm다. 다시 한 번 위쪽 조각을 아래 계단으로 내리면 그림 (c)와 같은 정육면체가 만들어진다.

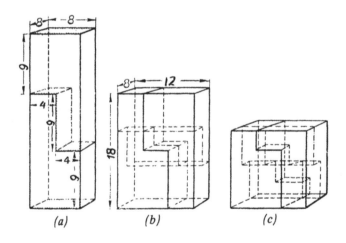

(a)   *(b)*   *(c)*

191. 병의 부피

원, 정사각형, 직사각형의 면적은 자로 한 변이나 지름을 측정해서 쉽게 계산할 수 있다. 이를 면적 s라고 하자. 병을 세워놓았을 때(그림 참조), 액체의 높이 h_1을 측정한다. 병에서 액체가 채우는 부피는 sh_1이다. 병을 거꾸로 뒤집은 다음, 빈 공간의 높이 h_2를 측정한다. 병의 빈 공간의 부피는 sh_2이다. 병 전체의 부피는 $s(h_1 + h_2)$이다.

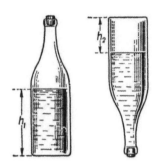

192. 통나무의 지름

하나의 옹이구멍에서 같은 옹이구멍까지의 거리가 합판 전체 너비의 대략 3분의 2, 즉 30cm다. 따라서 통나무의 지름은 $\frac{30}{\pi}$ = 약 10(cm)다.
(합판을 과일 껍질 깎듯이 나무 둘레를 따라 얇게 잘라내어 만들었다. 합판의 왼쪽 가장자리와 그림에 그은 선까지가 통나무의 둘레를 나타낸다고 볼 수 있다. 그 길이가 전체의 3분의 2정도라서 30cm로 추정하고 계산한 듯하다. 눈썰미를 요구하는 나름 재미있는 문제가 아닐까 한다. —감수자)

193. 캘리퍼스의 어려움

캘리퍼스의 한쪽 다리와 부품의 움푹 들어간 부분 사이에 다른 물체 하나를 놓으면 다리를 더 벌리지 않고도 캘리퍼스를 그대로 부품으로부터 분리할 수 있다. 그런 다음 측정된 캘리퍼스의 간격에서 물체의 길이를 빼면 부품의 움푹한 부분 사이의 거리를 알 수 있다.

194. 정다각형 슬라이드

정구각형과 정십각형의 내각은 각각 140°와 144°다. 슬라이드식 방법으로 두 다각형을 만들고, 144°에서 140°를 빼면 4°가 남는다. 이를 줄자와 컴퍼스로 두 번 나누면 1°를 얻을 수 있다.

195. 더 큰 다각형

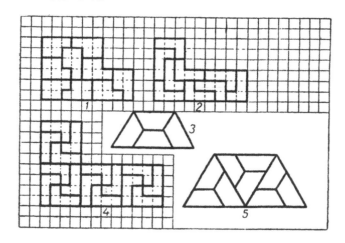

196. 두 단계로 만드는 다각형

그림 (a), (b), (c)에 여러 가지 예를 제시해놓았다.

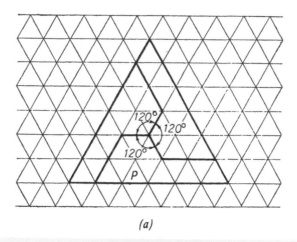

(a)

단위 다각형을 찾는 좋은 방법은 짝수 개의 정사각형으로 이루어진 직사각형의 중심에 점을 찍고(그림 (d)의 점들), 그 중심을 지나도록 계단 모양이나 톱니 모양으로 선을 그려 직사각형을 크기와 모양이 똑같은 두 조각으로 나누는 것이다. 직사각형으로는 언제나 정사각형을 만들 수 있으므로, 찾아낸 단위 다각형으로도 언제나 정사각형을 만들 수 있을 것이다.

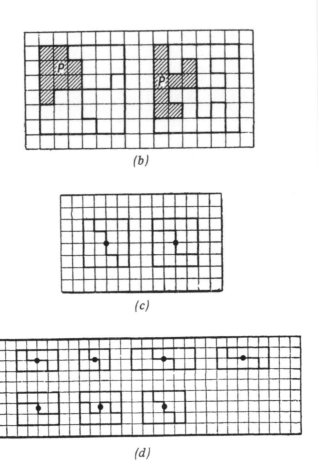

(b)

(c)

(d)

6 수리력 높이는 도미노와 주사위 퍼즐

197. 점은 몇 개인가
5개다. 각 숫자는 타일 칸에 짝수 번씩 나타난다(여덟 번). 줄줄이 늘어놓은 타일에서 숫자들이 서로 쌍을 이뤄야 하므로, 도미노 열의 한쪽 끝에 5가 있으면 반대편 끝에는 다시 5가 있어야 한다.

198. 마지막에 오는 도미노
당신이 감춘 두 숫자가 양끝에 놓인다. 도미노 열에서 숫자들은 언제나 쌍으로 놓이므로 열을 완성하려면 홀수 개인 게 양 끝에 와야 한다.

199. 친구 놀래켜주기
왼쪽에 있는 타일 13개의 숫자는 12부터 0까지다. 타일을 옮기기 전에 가운데(열세 번째) 타일은 0이다. 타일 1개를 옮겼다면 가운데가 1이 될 것이고, 2개를 옮겼다면 가운데가 2가 될 것이다. 이런 방식이다.

200. 게임에서 이기기
4개의 사용하지 않은 타일은 0-2, 1-2, 2-5, 6-2다. 게임에 내놓은 타일은 2-4, 4-3, 3-2, 2-2다.
선수 B, C, D는 다음과 같은 타일을 갖고 있을 수 있다.

선수 B: 0-1, 0-3, 0-6, 0-5, 3-6, 3-5
선수 C: 0-0, 1-1, 2-2, 3-3, 4-4, 3-4
선수 D: 6-6, 5-5, 6-5, 6-4, 5-4, 6-1

201. 가운데가 빈 정사각형
(A) 위(왼쪽에서 오른쪽으로): 4-3, 3-3, 3-1, 1-1, 1-4, 4-6, 6-0
오른쪽(위에서 아래로): 0-2, 2-4, 4-4, 4-5, 5-5, 5-1, 1-2
아래(오른쪽에서 왼쪽으로): 2-3, 3-5, 5-0, 0-3, 3-6, 6-2, 2-2

왼쪽(아래에서 위로): 2-5, 5-6, 6-6, 6-1, 1-0, 0-0, 0-4
위쪽의 코너 부분은 아래 그림과 같다.

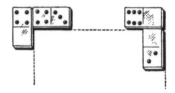

(B) 8개의 코너에 최대한 빈칸을 많이 놓아 한 변의 숫자 합이 총 21이
되도록 만든다. 한편 8개 코너의 총합이 80이면, 각 변 숫자의 합은 총 22
가 된다(그림 참조). 코너의 총합이 16이면 각 변은 23, 24이면 24, 32이
면 25, 40이면 26이 각각 된다.

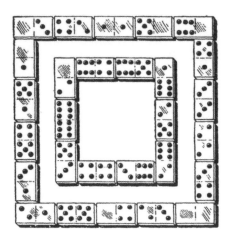

202. 숫자가 같은 창문

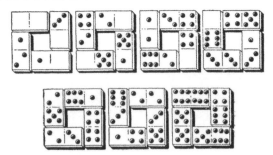

312

203. 도미노 타일 마방진

(A)

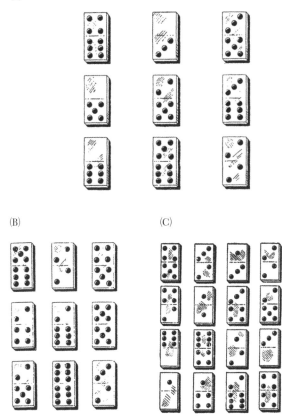

(B)   (C)

마법수는 24다.

(D) 답은 다음과 같다.

5-3	0-3	0-6	2-2	1-5
1-1	3-2	1-6	4-5	0-4
6-2	4-6	0-0	1-2	2-4
0-1	1-3	2-5	3-6	3-3
4-4	1-4	3-4	0-2	0-5

204. 구멍이 있는 마방진

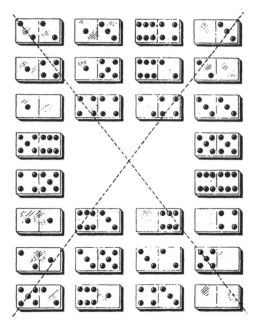

205. 도미노 곱셈

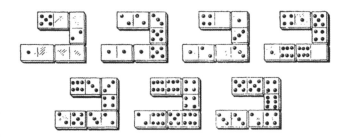

206. 타일 추측하기

친구가 머릿속에 떠올린 타일을 $x - y$라고 하고, 첫 번째 반쪽이 x였다고 치자. 친구의 결과는 $5(2x + m) + y = (10x + 5m + y)$일 것이다. $5m$을 빼면 x와 y로 이루어진 두 자리 수, 즉 $10x + y$가 남는다. 친구가 y에서 시작했다면 $10y + x$가 되고, 이 역시 앞과 똑같은 방식이다.

314

207. 주사위 3개로 하는 속임수

추측한 총합은 3개 주사위의 마지막 상태에서 윗면의 눈의 수를 더한
것에, 주사위의 마주 보는 두 면의 합, 즉 7을 더한 것이다.

208. 숨겨진 숫자는 얼마

가운데 주사위의 윗면과 아랫면의 숫자를 합하면 7이다. 제일 아래 있는
주사위의 윗면과 아랫면을 합하면 다시 7이다. 제일 위 주사위의 바닥면
은 3이다(7에서 제일 위 주사위의 윗면의 값을 뺀다).

주사위의 마주 보는 면의 합이 7이 되도록 눈을 배치하는 방법에는 두
가지가 있다. 각각은 서로의 거울상이다(그림 참조).

현대의 주사위는 오른쪽 그림처럼 세 면 공통의 꼭짓점을 중심으로 반
시계방향으로 1, 2, 3으로 되어 있다. 그러므로 주사위에서 인접한 두 면
만 보면 나머지 네 면이 무엇인지 알 수 있다. 독자 스스로 아래 주사위
각각에서 3개의 숨겨진 면이 무엇인지 알 수 있겠는가?

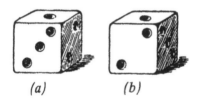

(a)   (b)

209. 어떤 순서로 배열되었을까

A를 원래의 세 자리 숫자라고 해보자. 두 번째 숫자는 777 − A이고 여
섯 자리 숫자는 1,000A + 777 − A = 999A + 777 = 111(9A + 7)이다.
111로 나누고, 7을 빼고, 9로 나누면, A를 다시 얻을 수 있다.

▣ 숫자 9의 세계

210. 어떤 숫자를 지웠을까

(A) 친구의 수를 9로 나눈 나머지는 각 자리 숫자의 총합을 9로 나눈 나머지와 같다. 9를 지워도 후자가 달라지지 않기 때문에 전자 역시 달라지지 않는다.

(B) 같은 숫자로 이루어진 두 수의 차를 9로 나눈 나머지는 0이다. 1, 2, 3, ⋯, 9를 지우고 남은 숫자의 총합을 9로 나누면 8, 7, 6, ⋯, 0이 될 것이다. 이 숫자를 9에서 빼거나 $(9n + 9)$에서 $(9n + $숫자$)$를 빼면, 1, 2, 3, ⋯, 9가 된다. 즉 이것이 친구가 지운 숫자다.

(C) 친구가 부른 수의 각 자리 숫자 총합을 계산한다$(6 + 9 + 8 = 23)$. 이보다 큰 9의 배수 중 가장 가까운 수에서 앞에서 구한 총합을 뺀다$(27 - 23 = 4)$.

211. 1313의 특성

1313에서 48을 뺐다고 치고(1265), 여기에 148을 붙이면 1,265,148이 된다. 친구가 말해준 결과 수의 각 자리 숫자의 총합이 21이라면, 더 큰 9의 배수 중 가장 가까운 수보다 6이 작다. 친구는 6을 지운 셈이다.

설명: 1313에서 어떤 수를 빼고 방금 뺀 수에 100을 더하면, 1313의 각 자리 숫자의 총합(8)에 1을 더하게 된다. 이 합은 계산을 쉽게 만들어 준다. $(8 + 1)$을 9로 나눈 나머지가 0이기 때문이다. 문제의 나머지 부분은 210번 문제 (B)와 똑같다.

212. 사라진 숫자 추측하기

(A) 1부터 9까지 숫자들의 총합은 45다. 직선 AB에 있는 숫자들의 합은 40이다. 그러므로 내가 고르지 않은 숫자는 5이다.

더 빠른 방법도 있다. 숫자 1부터 9까지 총합의 각 자리 숫자의 합은(한 자리 수만 남을 때까지 반복적으로 각 자리 숫자를 더한다.) $4 + 5 = 9$이다. 직선 AB에 있는 각 자리 숫자의 합은 13이고, 13의 각 자리 숫자의 합은 $1 + 3 = 4$이다. 이는 9보다 5 작다.

(B) 3이다. 주어진 9개의 두 자리 수의 각 자리 숫자의 총합은 9다(1+1+ 2+2+3+3⋯9+9=90). 직선 AB에 있는 각 자리 숫자의 합은 6인데(1+4+ 1+3+2+5+1+0+1+3+1+2=24→2+4=6), 이는 9보다 3 작다. 그러므로 빠진 숫자는 3이다.

213. 숫자 하나로부터

$$99 \times 11 = 1,089 \quad 99 \times 66 = 6,534$$
$$99 \times 22 = 2,178 \quad 99 \times 77 = 7,623$$
$$99 \times 33 = 3,267 \quad 99 \times 88 - 8,712$$
$$99 \times 44 = 4,356 \quad 99 \times 99 = 9,801$$
$$99 \times 55 = 5,445$$

쭉 살펴보면 계산결과는 4,356이다. 결과적인 수들의 세로줄이 각각 딱 1씩 증가하거나 감소한다는 사실로부터 이런 표를 만들지 않고도 다음과 같이 일반화된 방법을 찾을 수 있다.

1. 앞에서 첫 번째와 세 번째 자리 숫자를 더하면 항상 9다. 세 번째 자리 숫자가 5이면, 첫 번째 자리 숫자는 4여야 한다.
2. 앞에서 두 번째 자리 숫자는 첫 번째보다 1만큼 작아야 하기 때문에 두 번째 자리 숫자는 3이다.
앞에서 두 번째와 네 번째 자리 숫자를 더하면 항상 9이므로, 네 번째 자리 숫자는 6이다. 그래서 답은 4,356이다.

214. 차이로 추측하기

어떤 수와 그 수의 숫자들이 역순으로 놓인 수의 가운데 숫자는 서로 같다. 첫 번째 자리 숫자가 작은 수를, 첫 자리 숫자가 더 큰 수에서 뺀다. 그러면 후자의 마지막 자리 숫자가 더 크기 때문에 차의 가운데 자리 숫자는 항상 9(0이 아니다)가 된다.
앞에서 이야기한 9의 특성 중 하나가 이 차이의 각 자리 숫자의 총합이 9라는 것이다. 그러므로 첫 번째와 세 번째 자리 숫자를 더한 것이 9가 되어야 한다.

따라서 차의 마지막 자리 숫자가 5라면 첫 자리 숫자는 4이고 두 번째 자리는 9로, 차는 495가 된다.

215. 3명의 나이

A와 B의 나이 차는 0부터 72(91 − 19) 사이의 9의 배수 중 하나다. 따라서 C의 가능한 나이는 0, $4\frac{1}{2}$, 9, $13\frac{1}{2}$, ⋯, 36세다. C의 나이의 열 배가 두 자리 수이므로 그는 $4\frac{1}{2}$세나 9세의 둘 중 하나다. 하지만 그가 9세이면 B가 90세이고 A는 09세, 즉 9세가 되므로 문제의 조건과 상충된다. 그러므로 C는 $4\frac{1}{2}$세, B는 45세, A는 54세다.

216. 비밀은 무엇일까

그는 홀수 자리의 수를 만들어야겠다고 마음을 정한 후, 가운데 자리 숫자는 무작위로 선택했다. 다른 자리의 숫자들은 머릿속에서 합산하면서 9의 배수가 되도록 수를 하나씩 만들어나갔다.

뇌가 섹시해지는
모스크바 수학퍼즐 1단계

초판 1쇄 발행 2018년 2월 20일
개정판 1쇄 발행 2023년 1월 10일

지은이 보리스 A. 코르뎀스키
감수 박종하
옮긴이 김지원
펴낸이 이범상
펴낸곳 (주)비전비엔피 · 비전코리아

기획 편집 이경원 차재호 김승희 김연희 고연경 박성아 최유진 김태은 박승연
디자인 최원영 한우리 이설
마케팅 이성호 이병준
전자책 김성화 김희정
관리 이다정

주소 우)04034 서울시 마포구 잔다리로7길 12 (서교동)
전화 02)338-2411 | **팩스** 02)338-2413
홈페이지 www.visionbp.co.kr
인스타그램 www.instagram.com/visionbnp
포스트 http://post.naver.com/visioncorea
이메일 visioncorea@naver.com
원고투고 editor@visionbp.co.kr

등록번호 제313-2005-224호

ISBN 978-89-6322-197-7 04410
   978-89-6322-196-0 04410 [SET]

· 값은 뒤표지에 있습니다.
· 잘못된 책은 구입하신 서점에서 바꿔드립니다.

도서에 대한 소식과 콘텐츠를
받아보고 싶으신가요?